긴자 바에서 알려주는 레시피

228

칵테일 15번지

사이토 쓰토무·사토 준 감수

한뼘책방

CONTENTS

제1부 칵테일의 기본

제2부 재료의 기초 지식

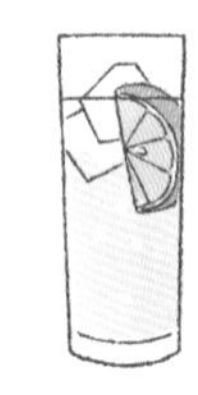

제3부 칵테일 레시피

보드카 베이스

럼 베이스

테킬라 베이스

위스키 베이스

브랜디 베이스

리큐어 베이스

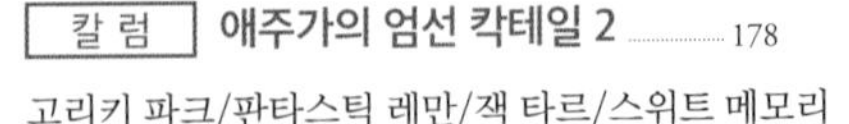

와인 베이스

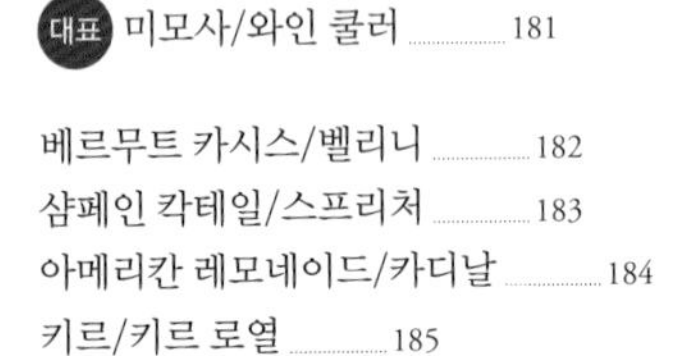

맥주 베이스

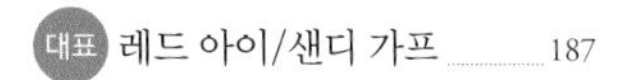

일본주·소주 베이스

논알코올

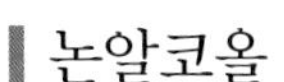

칵테일이란?

칵테일은 달콤한 술을 말할까요?
아니면 바에서 찬찬히 마시는 격식 있는 술?
칵테일은 마음에 꼭 드는 한잔을 발견할 수 있는, 그런 술입니다.
다채롭고 심오한 칵테일의 세계로 들어가봅시다.

술 → p.26

스피릿, 리큐어처럼 칵테일의 베이스로 사용하는 술과, 희석하거나 풍미를 더하기 위해 사용하는 술이 있다.

부재료 → p.28

탄산음료나 주스 등 희석하는 재료가 있고, 과즙이나 시럽 등 풍미를 더해주는 것이 있다. 계란이나 우유, 소금 등도 포함된다.

도구 → p.30

재료를 섞는 도구, 분량을 재는 도구, 과일을 자르는 도구 등이 있다.

만드는 방법 → p.34

칵테일을 만들기 위해 섞는 방식에는 빌드, 블렌드, 스터, 셰이크 등 4가지가 있다. 섞는 방식 하나만 달리 해도 맛에 변화를 줄 수 있다.

얼음 → p.29

차게 마시는 칵테일을 만드는 데 필수적인 재료. 섞을 때도 쓰고, 롱 드링크 칵테일에도 사용한다.

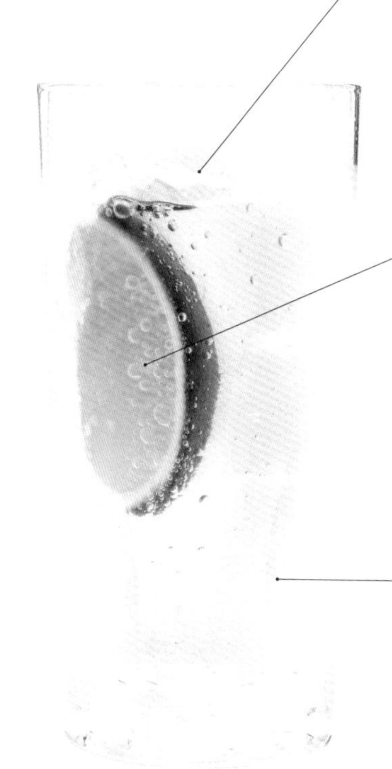

가니시 → p.38

잔 테두리에 소금이나 설탕을 묻히는 스노 스타일, 과일 장식 등이 있다. 맛뿐만 아니라 보기에도 화려함을 더해 준다.

잔 → p.39

칵테일 글라스를 대표하는 다리 달린 잔과, 텀블러와 같은 평저형이 있다. 칵테일의 특징에 맞게 선택한다.

알아두면 좋은

대표 칵테일 33가지

다종다양한 칵테일 중에서도 잘 알려져 있는
대표 칵테일을 소개합니다.
바에서 어떤 칵테일을 주문할지 망설여질 때
여기서 소개하는 칵테일을 주문해보면 어떨까요?

진 토닉

진과 토닉워터가 상쾌한 맛을 선사하는 칵테일.
진 베이스 → p.66

김렛(왼쪽)

하드보일드 소설에 등장하는 최고의 한잔.
진 베이스 → p.67

마티니(오른쪽)

칵테일 애호가를 매료시키는 칵테일의 왕.
진 베이스 → p.67

톰 콜린스

산뜻한 맛으로, 탄생지인 런던에서도 인기.
진 베이스 → p.82

모스크바 뮬

목넘김이 좋고 상쾌한 자극이 기분 좋은 칵테일.
보드카 베이스 → p.86

스크루드라이버

주스 같은 느낌이지만 알코올 도수가 높다.
보드카 베이스 → p.98

솔티 독(왼쪽)

테두리에 소금이 묻어 있어 맛이 깔끔한, 스노 스타일의 기본 칵테일.
보드카 베이스 → p.87

발랄라이카(오른쪽)

감귤류 재료의 조합이 상쾌한 칵테일.
보드카 베이스 → p.87

모히토

민트의 청량감이 몸도 마음도 새롭게 해준다.
럼 베이스 → p.107

쿠바 리브레(왼쪽)

럼과 콜라가 주는 상쾌한 맛, 친해지기 쉬운 한잔.
럼 베이스 → p.106

다이키리(오른쪽)

라임 주스의 산미가 럼의 운치를 끌어올린다.
럼 베이스 → p.106

마르가리타

짠맛과 신맛의 조화가 마음을 움직이는 한잔.
테킬라 베이스 → p.123

테킬라 선라이즈(왼쪽)

록 스타 믹 재거가 홀딱 반한 향기와 맛이 뛰어난 칵테일.
테킬라 베이스 → p.122

모킹버드(오른쪽)

민트와 라임의 청량감이 기분을 새롭게 해준다.
테킬라 베이스 → p.122

맨해튼

세계적으로 널리 사랑받는 칵테일의 여왕.
위스키 베이스 → p.133

러스티 네일(왼쪽)

역사 깊은 드람비 리큐어를 사용해 달콤한 칵테일.

위스키 베이스 → p.132

올드 패션드(오른쪽)

단맛과 쓴맛을 조절하면서 자신의 기호에 맞게 맛을 즐긴다.

위스키 베이스 → p.132

위스키 소다(하이볼)

위스키에 소다를 섞은 심플한 한잔.

위스키 베이스 → p.138

알렉산더(왼쪽)

순하고 초콜릿 케이크와 같은 맛을 낸다.

브랜디 베이스 → p.144

스팅어(오른쪽)

브랜디의 향과 민트의 상쾌함이 인상적이다.

브랜디 베이스 → p.144

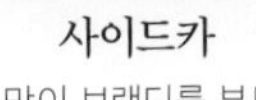

사이드카

과일 맛이 브랜디를 부드럽게 넘길 수 있게 해준다.

브랜디 베이스 → p.145

퍼지 네이블

복숭아와 오렌지의 걸쭉한 단맛이 매력.

리큐어 베이스 → p.156

찰리 채플린(왼쪽)

새콤달콤하여 마시기 좋다. 발랄하고 경쾌한 마무리.

리큐어 베이스 → p.157

칼루아 밀크(오른쪽)

커피와 바닐라의 풍부한 향이 기분 좋은 칵테일.

리큐어 베이스 → p.157

캄파리 소다

캄파리 특유의 쌉쌀함과 단맛이 두드러진다.
리큐어 베이스 → p.171

미모사(왼쪽)

품위 있는 샴페인과 산뜻한 오렌지의 절묘한 조화.
와인 베이스 → p.181

와인 쿨러(오른쪽)

레드, 화이트 어느 쪽이든 즐거운, 자유도 높은 한잔.
와인 베이스 → p.181

레드 아이(왼쪽)

맥주의 쓴맛을 토마토 주스로 산뜻하게 만들었다.
맥주 베이스 → p.187

섄디 가프(오른쪽)

본고장 영국에서 사랑받는 칵테일. 드라이하면서 쌉쌀한 맛이 상쾌하다.
맥주 베이스 → p.187

사케티니(위 왼쪽)

일본주와 진으로 만든 일본풍의 마티니.
일본주·소주 베이스 → p.191

라스트 사무라이(위 오른쪽)

쌀로 만든 소주를 사용한, 사무라이처럼 늠름한 칵테일.
일본주·소주 베이스 → p.191

레모네이드(왼쪽)

레몬의 상쾌한 풍미로 인해 세계적인 사랑을 받는다.
논알코올 → p.196

신데렐라(오른쪽)

세 종류의 감귤류 주스가 녹아들어 있다. 과일 맛의 한잔.
논알코올 → p.196

애주가의 추천 칵테일

칵테일 애호가라면 TPO(Time, Place, Occasion)나
상대에 꼭 맞는 추천 칵테일을 알아두고 싶은 법입니다.
물론 바텐더에게 추천 칵테일을 물어봐도 좋습니다.

기념하고 싶은 날의 부드러운 한잔

미모사

기념일에 딱 어울리는 품위 있는 샴페인에 오렌지 주스를 더했다. 과일 맛이 나는 마시기 편한 칵테일. → p.181

알렉산더스 시스터

민트의 상쾌한 향과 크리미한 맛의 운치가 매력적인 칵테일. → p.73

코즈모폴리턴

보드카 베이스의 새콤달콤한 칵테일은 멋쟁이들에게 잘 어울린다. 도회적인 화려함도 매력적. → p.101

신데렐라

신데렐라로 만들어줄 것 같은 과일 맛의 한 잔. 논알코올로 만들면 술이 약한 이에게도 좋다. → p.196

일상의 피로를 풀어주는 상쾌한 한잔

마티니

걸작으로 이름 높은 진 베이스 칵테일. 입안을 얼얼하게 하는 드라이한 맛이 입맛을 사로잡는다. → p.67

갓파더

위스키 베이스의 칵테일. 아몬드의 풍미와 진한 위스키 맛이 입안을 즐겁게 해준다. → p.134

사이드카

오렌지 리큐어(화이트)의 신맛과 과일 맛은 브랜디 초심자에게도 잘 맞는다. → p.145

엑스와이지

럼 베이스로, 산뜻한 맛이 일품이다. '이보다 맛있는 칵테일은 없다'고 말할 정도의 자신감 넘치는 한잔. → p.116

커플을 위한 칵테일

샴페인 칵테일

"그대의 눈동자에 건배"라는 말로 유명한 한잔. 바라보는 눈도, 맛도 유쾌하고 로맨틱하다. → p.183

키르 로열

샴페인 베이스의 칵테일로 우아한 마무리를 책임진다. 특별한 날의 한잔으로 적격. → p.185

오렌지 블로섬

오렌지의 꽃말에서 유래하여, 피로연 식전주로 즐겨 마시는 술. → p.75

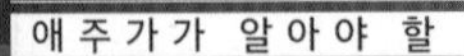

바 즐기는 법

바가 격식 높은 곳으로 느껴지나요?
사실은 가벼운 마음으로 술을 즐기는 장소입니다.

바텐더

바텐더는 칵테일을 만들고, 손님 접대의 전반을 담당합니다. 바(bar)와, 돌보는 사람(tender)을 합쳐서 만든 말입니다.

바텐더의 자격증

한국산업인력공단 주관의 조주기능사 시험이 있습니다. 필기 시험과 실기 시험으로 나뉩니다. 필기에서는 양주학, 주장 관리, 기초 영어 등이 출제되고, 실기에서는 칵테일 제조 기술을 평가합니다.

바 카운터

바텐더와 손님 사이에 있는 좁고 긴 테이블. 칵테일 등의 마실 것과 간단한 안줏거리를 제공합니다. 계산도 바 카운터에서 이루어집니다.

바는 '술을 즐기는 장소'

바에 가려면 복장과 매너를 신경 써야 한다고 느끼는 사람이 많습니다. 하지만 본래 바는 '술을 즐기는 장소'를 말합니다. 최소한의 매너와 바에서의 행동 방식만 익힌다면 누구나 술을 즐길 수 있습니다.

얼핏 보아 간단히 만들어지는 것 같은 칵테일에도 그 한 잔에는 프로의 테크닉이 응축되어 있습니다. 칵테일은 '맛의 균형', '색깔', '향'이 중요하기 때문에 올바른 레시피에 따라 만드는 것이 기본입니다.

한편 똑같은 칵테일을 만들더라도, 그것을 마시는 사람과 대화를 나누며 선호하는 맛과 취향을 알아내어 그에게 맞는 한 잔을 만들어내는 것이 바텐더의 역할입니다.

바텐더는 술에 관한 한 프로이며, 손님 접대에서도 프로입니다. 바를 찾는 사람이 기분 좋게 마실 수 있도록 항상 마음의 준비를 하고 있습니다. 칵테일이 마시고 싶다면 주저하지 말고 바의 문을 열고 들어가봅시다.

바와 친해지기 1

바의 유형

바는 저마다 분위기가 다릅니다.
유형에 따라 클래식 바와 캐주얼 바로 나눌 수 있습니다.

클래식 바

솜씨 좋은 바텐더가 술을 제공합니다. 중후하고 안정감 있는 분위기가 특징입니다. 이 책의 감수를 맡은 '칵테일 15번지'는 클래식 바로 분류됩니다.

캐주얼 바

캐주얼한 분위기로 가볍게 즐길 수 있습니다. 많은 사람들이 즐기며 떠들고, 스포츠 관전을 즐길 수 있는 바 등 다양합니다.

기본 매너

바에 처음 가는 사람들이 신경 쓰는 것이 복장과 매너입니다.
어떤 바에서든 기본적인 매너를 정해두고 있으니, 가능하다면 가려고 하는 바에 대한 정보를 미리 알아두는 것이 좋습니다.

복장

캐주얼한 복장으로도 문제는 없습니다만, 바의 분위기를 해칠 수 있는 옷차림은 피하는 것이 매너. 재킷을 입어야 하는 바도 있습니다.

예산

바에 따라서 다르기는 하지만 칵테일은 한 잔에 1만 원 정도가 표준입니다. 칵테일 가격에 테이블 차지가 더해지기도 합니다.

사람 수

본격적인 바는 단체로 즐기는 공간이 아닙니다. 4인 정도가 적당합니다. 바의 카운터를 점령하지 않도록 합시다.

입장

바에 들어서면 안내를 기다립시다. 단골손님의 자리가 정해져 있는 경우도 있으니, 마음대로 자리에 앉지 않는 것이 좋습니다.

건배

잔을 부딪혀 소리를 내는 것은 피해주세요. 잔을 들어 올리는 것이 건배의 본래 규칙입니다. "건배"라고 외치는 것도 피해주세요.

말소리

소곤거릴 필요까지는 없지만, 큰 소리를 내는 것은 금해야 합니다. 옆 사람이나 앞에 있는 바텐더에게 들릴 정도의 음량으로 말하는 것이 좋습니다.

머무는 시간

바에 머무는 시간에 제한은 없습니다. 적당한 시간 동안 깔끔하게 즐기세요. 너무 오랜 시간 동안 머물며 과음하지 않도록 하세요.

계산

바텐더에게 부탁합니다. 앉은 자리에서 지불할 수 있는 곳도 있고, 계산대에서 지불하는 곳도 있습니다.

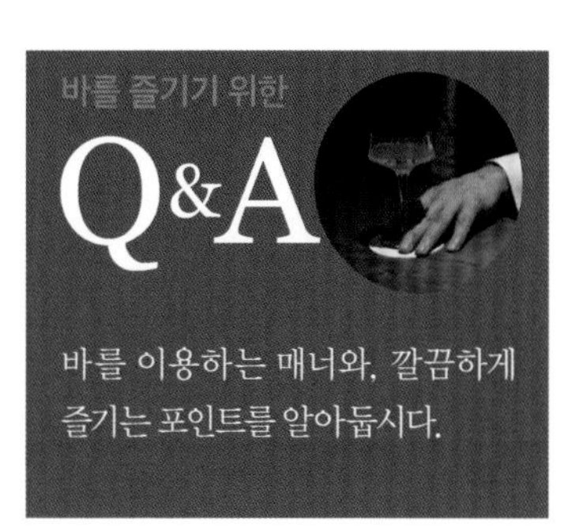

Q 메뉴판이 없을 때는?

마시고 싶은 칵테일 이름을 알고 있다면 그것을 알려주고, 이름을 모를 경우에는 좋아하는 맛과 싫어하는 재료를 말해줍니다. 바텐더에게 맡겨도 좋습니다.

Q 주문하는 타이밍은?

잔이 비면 바텐더가 추가 주문을 물어오는 바도 있습니다. 바텐더가 묻지 않을 경우 잔을 비우고 나서 불러주세요.

Q 마시는 순서는?

알코올 도수가 낮은 칵테일, 맛이 산뜻한 칵테일부터 주문합니다. 강한 맛의 칵테일은 두 번째 잔 이후에 주문하는 것이 좋습니다.

Q 첫째 잔으로 추천하는 칵테일은?

진 토닉이나 모스크바 뮬처럼 심플한 것을 추천합니다. 이들은 바텐더의 솜씨를 가늠할 수 있는 칵테일이기도 합니다.

Q 바텐더와 이야기를 나누어도 되나요?

바텐더에게 말을 걸어 대화를 즐기는 것은 문제없습니다. 다만 바가 혼잡할 때는 대화를 독점하지 말고 주위를 배려해주세요.

Q 좋지 않은 행동은?

소란스럽게 해서는 안 됩니다. 모처럼 바에 왔다면 휴대전화를 집어넣고 칵테일을 즐기는 것이 좋겠지요. 통화는 외부로 나가서 해주세요.

Q 술을 마시지 않아도 괜찮나요?

바는 술을 즐기는 장소입니다만, 소프트드링크를 마셔도 괜찮습니다. 특히 취했을 경우에는 물이나 논알코올 드링크를 주문하는 것이 좋습니다.

이 책을 보는 방법

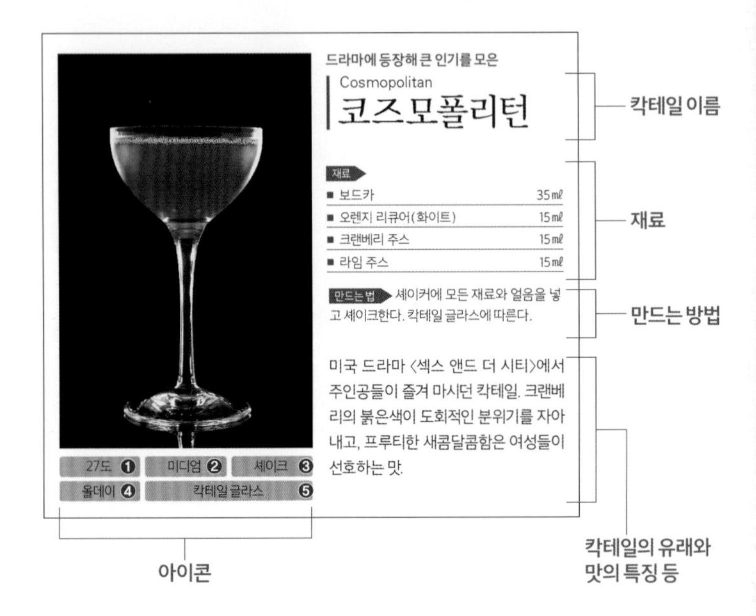

아이콘 보는 법

❶ 알코올 도수

표준 알코올 도수입니다. 실제로 사용하는 술, 재료, 얼음 양에 따라 달라집니다.

❷ 맛

드라이, 미디엄드라이, 미디엄, 미디엄스위트, 스위트의 5가지로 나뉘는데, 느낌은 개인차가 있습니다.

❸ 기법

칵테일을 만드는 방법입니다. 빌드, 블렌드, 스터, 셰이크 등 4가지가 있습니다. 자세한 것은 p.34~37 참조.

❹ TPO

칵테일을 마시기 적당한, 추천하는 시간과 상황을 나타냅니다.

❺ 잔의 종류

칵테일을 가장 맛있게 마실 수 있는 잔의 모양입니다.

재료 보는 법

- 용량은 ㎖ 표기를 기본으로 합니다. 사용하는 잔에 따라 용량이 달라지므로 그림에 나온 잔을 기준으로 용량을 정하고 있습니다.

※칵테일 글라스의 경우 90㎖ 잔에 약 80㎖가 들어가는 것을 기준으로 삼아 표기했습니다.

※분수로 표기되어 있는 것은 1잔에 대한 비율입니다.

- 칵테일 베이스가 되는 술은 레시피의 첫부분에 표기되어 있습니다.

- 장식용 부재료를 나타내는 경우가 있습니다.

〈단위 안내〉

1tsp.= 바 스푼 1술 = 약 5㎖

1dash = 비터스 보틀 1방울 = 약 1㎖

제 1 부

칵테일의 기본

칵테일은 어떤 음료를 말할까요?
여기서는 구성 및 재료, 만드는 방법 등
칵테일에 관한 기초 지식을 소개합니다.

칵테일의 정의와 분류

칵테일에는 다양한 종류가 있습니다만,
정의를 내려본다면 어떤 술을 가리킬까요?

■ 칵테일의 정의

칵테일은 여러 종류의 술과 과즙, 시럽 등을 섞어 만든 알코올음료입니다. 넓은 의미에서는 알코올을 넣지 않고 여러 가지 재료를 섞어 만든 음료(믹스드 드링크)도 칵테일로 분류하고 있습니다. 또한 마시는 데 걸리는 시간, 온도, TPO에 따라 선택하는 것이 가능하며, 특정인의 기호나 기분에도 맞출 수 있는 음료입니다.

칵테일 분류 1

마시는 데 걸리는 시간

칵테일은 마시는 데 걸리는 시간에 따라 두 종류로 나뉩니다. 짧은 시간에 마시는 것을 숏 드링크, 충분한 시간에 걸쳐 마시는 것을 롱 드링크라라고 합니다.

숏 드링크

시간이 지나면 맛이 떨어지기 쉬워 짧은 시간에 마시는 타입의 칵테일. 알코올 도수가 높고, 다리가 긴 칵테일 글라스에 따르는 경우가 많다.

롱 드링크

충분한 시간에 걸쳐 맛보는 타입의 칵테일. 큰 잔에 따르는 경우가 많고, 온도(p.23)에 따라 콜드 드링크와 핫 드링크로 나뉜다.

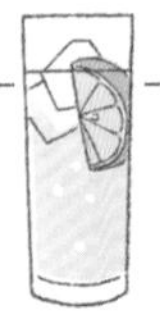

칵테일 분류 2

온도

롱 드링크는 얼음을 넣어 차갑게 마시는 콜드 드링크와, 재료에 뜨거운 물이나 우유 등을 사용하여 따뜻하게 마시는 핫 드링크로 나뉩니다.

콜드 드링크

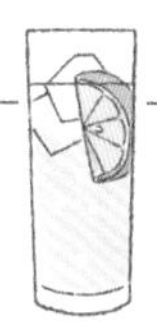

텀블러와 같이 큰 잔에 얼음 등을 넣어 차가운 상태를 유지하는 음료. 6~12℃ 정도가 적당한 온도. 섬머 드링크라고도 하며, 더운 여름에 적당하다.

핫 드링크

핫 글라스에 뜨거운 물이나 우유를 더한 따뜻한 음료. 62~67℃ 정도가 적당한 온도. 윈터 드링크라고도 하며, 추운 겨울에 적당하다.

칵테일 분류 3

TPO

칵테일은 시간, 장소, 목적 등에 따라서도 분류됩니다. 서양에서는 세세히 분류되고 있습니다만, 간단히 나누자면 식전주, 식후주, 언제나 마셔도 좋은 올데이 칵테일 등 세 종류가 있습니다.

식전주

식사하기 전에 목을 축이고, 식욕을 돋우기 위해 마시는 술. 일반적으로 드라이한 맛인 경우가 많다. 아페리티프라고도 한다.

● 대표 칵테일

마티니 → p.67, 맨해튼 → p.133

식후주

식사 후 입가심과 소화 촉진을 위해 마시는 술. 달고 진한 맛인 경우가 많다. 다이제스티브라고도 한다.

● 대표 칵테일

그래스호퍼 → p.168, 러스티 네일 → p.132

올데이 칵테일

식사 전후에 관계없이 언제 마셔도 괜찮은 칵테일.

● 대표 칵테일

김렛 → p.67, 마르가리타 → p.123

스타일

롱 드링크는 스타일로 분류할 수도 있습니다. 스타일은 칵테일을 만드는 방법과 재료로 결정되고, 칵테일의 이름에 표시되는 것이 많아 이름만으로도 맛을 연상할 수 있는 경우가 있습니다.

에그노그

술, 계란, 우유, 설탕을 섞어 만든다. 핫과 콜드가 있고, 논알코올도 있다.

브랜디 에그노그 → p.119

쿨러

술에 레몬, 라임, 단맛을 더하고, 소다수나 진저에일로 채운다. 상쾌한 맛이 특징이다.

아프리콧 쿨러 → p.163

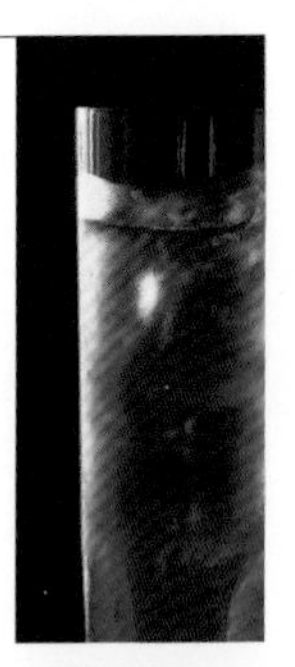

콜린스

스피릿을 베이스로 하여 감귤류 과즙과 설탕을 더하고, 소다수로 채운다. 콜린스 글라스를 사용한다.

존 콜린스 → p.139

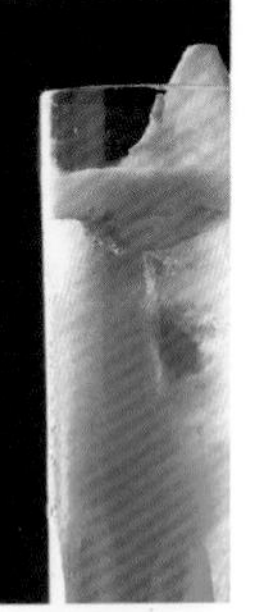

사워

스피릿을 베이스로 하여 감귤류 과즙과 설탕을 더한다. 탄산음료는 원칙적으로 사용하지 않는다.

위스키 사워 → p.137

줄렙

머들러로 민트를 으깨면서 설탕을 녹이고, 크러시드 아이스를 채운 다음 술을 넣는다.

민트 줄렙 → p.135

슬링

스피릿에 레몬주스와 단맛을 더하고, 물 또는 탄산음료로 채운다.

싱가포르 슬링 → p.71

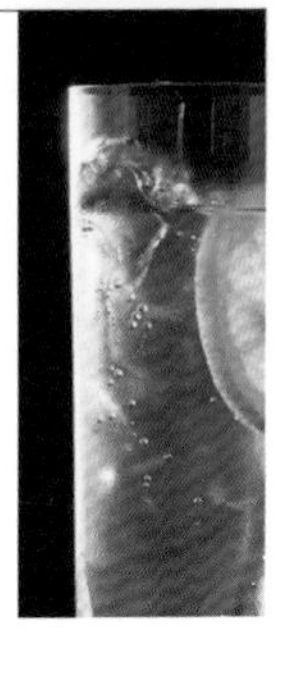

데이지

크러시드 아이스를 넣은 큰 잔에 스피릿, 감귤류 과즙, 시럽 또는 리큐어를 더한다.

진 데이지 → p.76

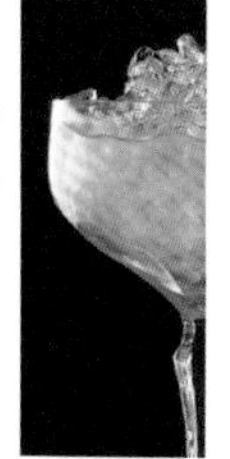

토디

설탕을 녹인 다음 스피릿을 넣고, 물 또는 뜨거운 물을 채운다. 레몬을 넣는 경우도 있다.

핫 위스키 토디 → p.141

하이볼

온갖 술을 베이스로 하여, 각종 소프트드링크를 섞는다. 위스키로 만드는 것이 유명하다.

위스키 소다 → p.138

피즈

스피릿 또는 리큐어에 감귤류 과즙과 설탕을 더해 셰이크한 다음, 소다수를 더한다.

진 피즈 → p.78

프라페

크러시드 아이스를 채운 잔에 리큐어를 붓는다. 셰이크한 뒤에 얼음과 함께 따르는 것도 있다.

민트 프라페 → p.168

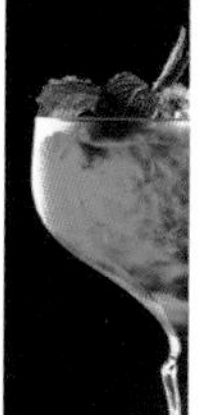

프로즌

블렌더로 분쇄한 얼음과 재료를 섞은 다음, 셔벗 상태로 만든다.

프로즌 다이키리 → p. 117

플로트

술의 비중을 이용하여 술과 물 등의 위에 다른 술이나 생크림을 띄운다.

위스키 플로트 → p.119

미스트

얼음을 채운 잔에 술을 넣고 강하게 섞어준다. 주로 위스키나 브랜디를 사용한다.

위스키 미스트 → p.137

리키

스피릿에 라임 또는 레몬을 짜 넣고, 소다수로 채운다. 머들러로 과육을 으깨가며 마신다.

진 리키 → p.77

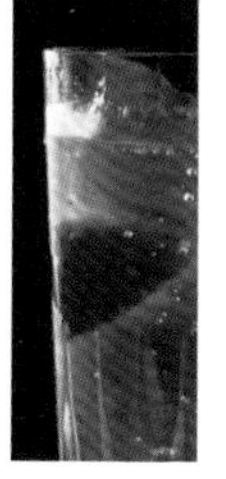

술

칵테일의 기본 재료는 술입니다.
여기서는 술에 관한 기본 지식을 소개합니다.

■ 술은 칵테일의 기본 재료

술은 만드는 방법 및 재료에 따라 각각 개성을 띱니다. 그러니 술 자체의 맛을 알고, 잘 어울리는 부재료와 기호에 맞는 칵테일을 찾아보도록 합시다. 술의 정의는, 주세법에 따라 알코올 함량 1도 이상의 음료로 합니다.

■ 술은 제조 방법에 따라 분류

술은 제조 방법에 따라 세 가지로 분류됩니다. 원료를 발효시키는 양조주, 양조주를 증류하여 만드는 증류주, 술에 향과 맛을 더한 혼성주입니다. 원재료에 따라 다시 나뉘는데, 맛과 풍미가 저마다 다릅니다.

분류	원료	세부	예
양조주 원료의 당질 또는 전분질을 당화하여 발효시켜 만드는 술	전분	곡류	맥주(보리, 곡류), 청주(쌀) 등
	당류	기타	풀케(아가베) 등
		꿀	벌꿀주
		과일	와인(포도), 시드르(사과) 등
증류주 양조주를 증류하여 만들며, 스피릿이라고도 부르는 술	전분	기타	테킬라, 메스칼(아가베)
		곡류	위스키(보리, 기타 곡물), 보드카, 진, 아쿠아비트, 슈냅스(곡물, 감자류), 소주(쌀, 보리, 메밀 등 곡류, 고구마) 등
	당류	꿀	럼, 소주(사탕수수) 등
		과일	브랜디(포도), 애플 잭(사과), 키르슈(체리), 푸아레(서양배), 미라벨(자두), 아락(대추야자) 등

분류	계열	예
혼성주 양조주와 증류주에 식물의 열매, 향료, 감미료 등의 부원료를 더해서 만든 술	특수 계열	요구르트 리큐어, 아드보카트(계란) 등
	너트·종자·핵과 계열	카카오, 커피 리큐어, 아마레토 등
	허브·스파이스 계열	아니세트, 샤르트뢰즈, 베르무트 등
	과일 계열	슬로 진, 퀴라소, 체리 브랜디 등

칵테일의 베이스가 되는 술

진

보리, 호밀, 옥수수 등의 곡물을 발효·증류시킨 그레인 위스키에, 주니퍼베리 등을 담가 다시 증류한 술. 감귤류 과일과 어울림이 좋다.

보드카

예부터 러시아에서 마셔 온 증류주. 보리, 호밀, 감자 등이 원료인데, 나라마다 조금씩 다르다. 무색 투명하고 중성적이다. 원주에 향이나 풍미를 더한 것도 있다.

럼

사탕수수에서 얻은 당을 발효·증류하여 만드는 서인도 제도 원산의 증류주. 생산지에 따라 만드는 법이 다르다. 콜라 등의 탄산 음료와 잘 어울린다.

테킬라

아가베를 원료로 하는 증류주. 멕시코 특정 지역에서만 생산되고 있다. 과일 재료와 잘 어울린다

위스키

보리, 호밀 등을 원료로 하여 발효와 증류를 거친 증류주. 몰트, 그레인, 블렌디드 등으로 분류된다. 술이 지닌 본래의 맛을 중시한다.

브랜디

백포도 와인을 증류하여 술통에서 숙성시킨 술. 포도 외의 과일을 증류하여 만드는 과일 브랜디도 있다. 단맛이 진한 재료와 어울린다.

리큐어

과일, 허브, 너트, 크림 등의 부재료를 증류주에 더한 것으로, 풍미와 색깔을 입힌 혼성주. 주원료에 따라 다양한 어울림이 가능하다. 칵테일에 풍미를 더할 뿐만 아니라 베이스로서도 인기가 있다. 과자 만들 때 사용하기도 한다.

와인

주로 포도를 발표시켜 만드는 양조주로, 술 중에서 가장 역사가 길다. 적·백·로제, 스파클링, 플레이버드 등이 있다. 끝마무리의 완성도가 중시된다.

맥주

주로 보리의 맥아와 물, 호프를 원료로 해서 만드는 양조주. 사용하는 효모의 종류에 따라 상면 발효와 하면 발효로 나눈다. 칵테일에서는 풍미를 살려 사용된다.

일본주

쌀과 쌀누룩, 물을 원료로 만드는 양조주. 보통주와 특정 명칭주로 나뉘는데, 특정 명칭주는 원료와 발효법에 따라 준마이긴조 등 8종으로 분류된다. 향을 살려 사용된다.

소주

곡물, 고구마류 외에 흑설탕 등의 다종다양한 원료로 만드는 증류주. 오키나와의 아와모리도 소주로 분류된다. 성격이 두드러지지 않은 보리나 쌀로 만드는 경우가 많다.

부재료

탄산음료나 과일 등의 부재료는 술을 묽게 하고, 풍미를 더하고, 장식하는 데 사용됩니다. 칵테일의 마무리에 중요한 재료입니다.

물, 탄산수

베이스가 되는 술을 묽게 하는 데 주로 사용한다. 생수, 토닉워터, 소다수 등. 진저에일은 맛이 견고한 드라이 마티니에 추천.

과일, 채소

레몬, 라임, 자몽, 오렌지 등 감귤류를 주로 사용한다. 채소 가운데에는 술을 묽게 하는 재료로 토마토(주스)를 사용하거나, 셀러리나 오이를 사용하기도 한다.

과일 주스

레몬, 오렌지, 라임, 자몽 등의 감귤류 주스를 주로 사용한다. 시판하는 100% 과즙을 사용하기도 하지만, 직접 짠 생과즙을 쓰면 진한 맛을 즐길 수 있다.

계란, 유제품

계란은 흰자와 노른자를 합쳐 50㎖ 정도의 작은 크기를 추천한다. 유제품으로는 우유, 생크림, 버터 등이 많이 사용된다. 신선한 것을 사용한다.

필수 부재료

얼음

칵테일은 온도가 중요하므로 콜드 드링크를 만들 때에는 얼음을 빼놓을 수 없습니다. 기포가 적은 단단한 얼음을 추천하므로, 시판 제품을 이용하면 좋습니다.

럼프 아이스
커다란 얼음을 얼음송곳으로 주먹만한 크기로 깎은 것. 온더락 등에 사용한다.

크랙트 아이스
커다란 얼음을 지름 3~4㎝ 정도로 깬 얼음. 셰이크나 스터 등에 사용하므로 사용 빈도가 높다.

크러시드 아이스
크랙트 아이스를 더 잘게 분쇄한 얼음. 프로즌, 줄렙 등에 사용한다.

허브, 스파이스

주로 풍미 더하기나 장식 등 마무리 재료로 사용. 향이 강한 민트잎은 청량감을 내며, 넛맥(육두구)은 크림 등의 냄새를 억제한다. 그 외에 클로브(정향), 시나몬 등이 있다.

시럽, 소금, 설탕

소금, 설탕은 스노 스타일(p.38)에 사용. 혼합 설탕은 검 시럽이 사용하기 좋다. 시럽은 과일 계통이 많고, 석류를 졸인 그레나딘 시럽이 자주 사용된다.

마라스키노 체리, 올리브, 펄 어니언

주로 장식용으로 사용한다. 시럽에 절인 체리(붉은색은 마라스키노 체리, 녹색은 민트 체리), 소금에 절인 올리브, 펄 어니언(알이 작은 양파) 등.

 칵테일 탐구 3

도구

맛있는 칵테일을 만들기 위해서는 최소한의 필요 도구를 갖추고, 올바르게 사용하는 것이 중요합니다. 여기서는 칵테일 만드는 데 필수적인 도구를 소개합니다.

■ 갖추어두면 좋은 도구

칵테일의 기본 도구를 소개합니다. 집에서 만드는 경우, 이 도구들을 우선적으로 갖추어두면 좋습니다.

셰이커

칵테일을 셰이크하기 위해 사용한다. 셰이크하는 동시에 차갑게 마무리한다.

〈각부 명칭〉

- 캡 : 셰이크할 때 닫는다.
- 스트레이너 : 액체만 통과시키는 여과기
- 바디 : 재료와 얼음을 넣는 본체 부분

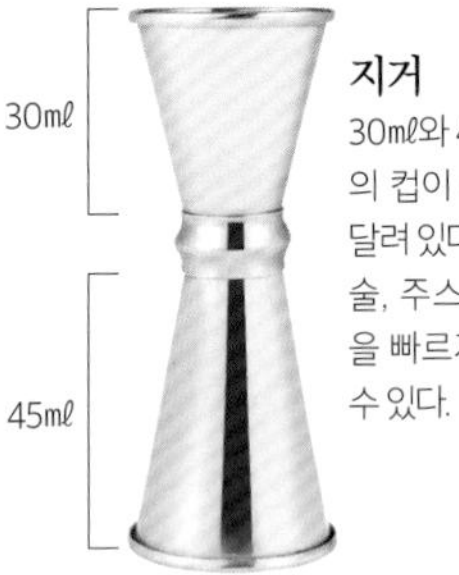

지거

30mℓ와 45mℓ 용량의 컵이 아래위로 달려 있다.
술, 주스, 시럽 등을 빠르게 계량할 수 있다.

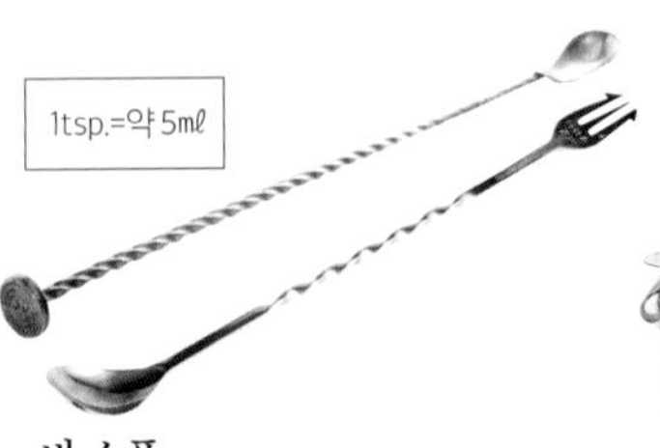

바 스푼

세밀한 계량을 하고, 재료를 섞는 데 사용하는 스푼. 재료를 건져내기 위한 포크나, 으깨기 위한 머들러가 반대편에 달려 있다.

스트레이너

셰이커에 달린 스트레이너와 마찬가지로 액체만 통과시키는 역할을 한다. 믹싱 글라스에 씌워 마개로 사용하기도 한다.

믹싱 글라스

재료를 섞기 위한 큰 잔. 비교적 섞기 쉬운 재료를 넣어서 사용한다. 섞기 쉽도록 바닥이 둥글게 생겼다.

■ 기타 도구

기본 도구 외에 프로가 사용하는 도구를 소개합니다. 집에서 만든다면 필요하다고 느낄 때 하나씩 늘려가면 됩니다.

바 블렌더

프로즌 스타일의 칵테일을 만드는 도구. 믹서로 대신할 수 있다.

스퀴저

레몬, 오렌지, 라임 등 감귤류의 과즙을 짜는 도구

비터스 보틀

비터스 전용 보틀. 한 번 흔들면 1방울이 나온다.

1dash = 1방울 = 1mℓ

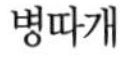

병따개

병뚜껑을 따고, 뚜껑을 딴 병의 입구를 밀폐하는 데 쓰는 도구

얼음 집게(아이스 텅)

얼음을 집기 위한 도구. 미끄러지지 않도록 앞부분이 톱니바퀴 모양이다.

얼음통(아이스 페일)

부순 얼음을 넣어두는 도구. 바닥을 물이 빠질 수 있게 만든 것도 있다.

얼음송곳(아이스 픽)

얼음을 쪼개는 데 쓰는 도구. 어느 정도 무게가 나가는 것이 사용하기 쉽다.

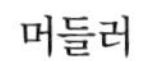

머들러

칵테일을 휘젓거나, 잔 속에 있는 설탕이나 과일을 으깰 때 쓴다.

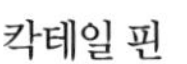

칵테일 핀

장식용 과일 등에 꽂아 집어먹기 쉽도록 하는 핀.

바텐더 나이프

소형의 나이프로, 와인의 코르크를 열 수 있는 도구.

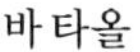

바 타올

잔을 닦기 위한 수건. 잔에 섬유 부스러기가 붙지 않도록 마 등으로 만든다.

스트로

크러시드 아이스를 채워 넣은 칵테일 등에 사용한다. 1잔에 2개를 꽂는다.

칵테일의 방정식

칵테일은 재료의 조합이 중요합니다.
여기서는 칵테일의 기본 구성과 다양한 조합을 소개합니다.

■ 칵테일의 구성

칵테일의 구성은 아래의 4가지 재료로 분류됩니다. 이 4가지 중에서 2가지 이상의 재료를 조합하면 칵테일이 됩니다.

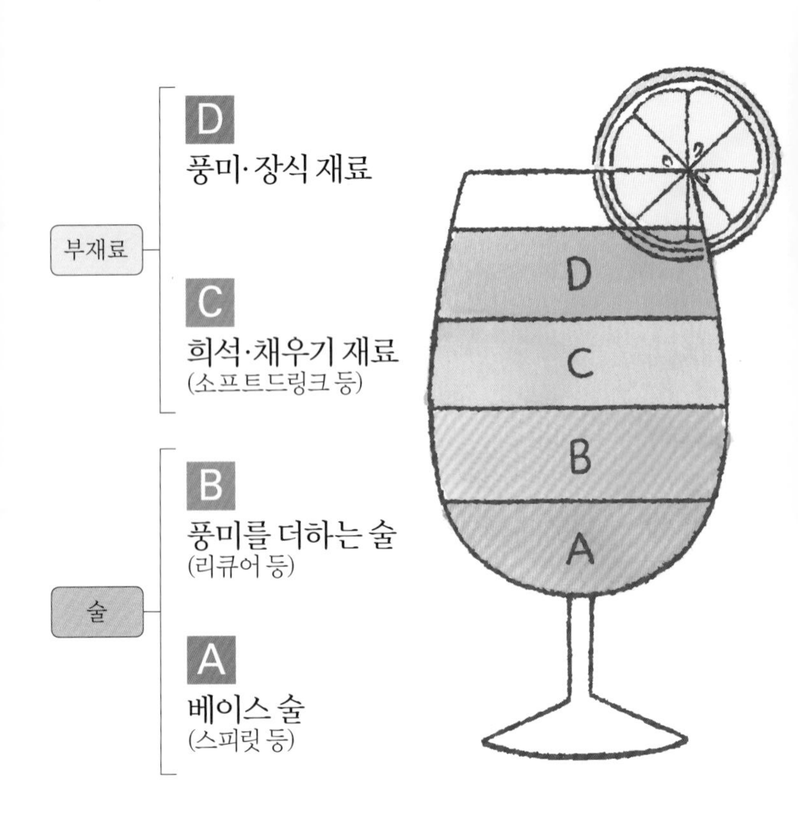

술

부재료

A 베이스 술 (스피릿 등)

스피릿뿐만 아니라 리큐어, 와인 등 온갖 술을 베이스로 쓴다. 진이나 보드카가 사용하기 쉽다.

C 희석·채우기 재료 (소프트드링크 등)

소다수, 토닉워터, 주스 등의 음료. 맛을 풍부하게 만드는 한편, 알코올 성분을 완화시켜준다.

B 풍미를 더하는 술 (리큐어 등)

베이스 술의 맛을 돋우기 위해 사용하는 술. 색과 향이 풍부한 리큐어가 주로 사용된다.

D 풍미·장식 재료

과일, 시럽 등 칵테일의 마무리에 쓰이는 재료. 장식 부재료는 시각적 화려함을 더한다.

기본 패턴

A + C

술과 부재료를 섞는 가장 심플한 방정식. 알코올 도수를 낮추어 만들 수 있다.

베리에이션

A + B

베이스 : 리큐어 = 2 : 1이 기본이며, 베이스의 풍미를 해치지 않도록 비율을 조정한다. 알코올 도수는 높다.

A + D

베이스의 맛을 최대한 살리는 방정식. 마티니나 김렛처럼 드라이한 타입이 많다.

B + C

리큐어와 소프트드링크의 방정식. 단맛이 많고, 술이 약한 사람에게도 추천할 수 있다.

A + B + C

A : B : C = 2 : 1 : 1 비율을 추천한다. 경우에 따라 부재료 D도 더해 모든 재료를 조합한다.

 칵테일 탐구 5

만드는 방법

칵테일을 맛있게 만들려면 솜씨가 좋아야 합니다.
칵테일을 만드는 기법과 가니시 등 칵테일 만들기의 기본 동작을 알아보겠습니다.

■ 만들기의 기본

칵테일은 주로 4가지 기법과 가니시로 만듭니다. 프로의 기술은 어렵지만, 기본이 되는 것만 잘 기억해두면 집에서도 칵테일을 만들 수 있습니다. 먼저 포인트를 잘 파악해둡시다.

4가지 기본 방법

빌드
잔 속에서 직접 섞는다. →p.35

블렌드
프로즌 스타일을 만든다. →p.35

스터
빠르게 섞어 재료의 풍미를 살린다. →p.36

셰이크
충분히 섞어 매끄럽게 만든다. →p.37

테크닉, 데코레이션

스노 스타일
잔의 테두리에 소금이나 설탕을 묻힌다. →p.38

필
레몬, 라임 등의 향을 더한다. →P.38

과일 가니시
과일을 잘라 장식한다. →P.38

빌드

잔에 직접 재료를 넣어 잔 속에서 섞는 방법. 지나치게 저으면 탄산이 빠져나가므로 주의합니다. 셰이커나 믹싱 글라스 같은 전용 도구가 필요 없으므로 처음이더라도 쉽게 만들 수 있습니다.

사용 도구

- 지거
- 바 스푼

포인트

- 탄산음료는 마지막에 넣는다.
- 탄산음료를 넣은 뒤에는 한두 차례만 저어준다.
- 가라앉기 쉬운 재료는 얼음이 위로 떠오르도록 섞어준다.

1 잔에 재료를 넣는다

차갑게 식힌 잔에 얼음을 넣고, 재료를 차례로 넣는다. 잔의 80%를 채우는 정도가 적정량이다.

2 재료를 섞는다

바 스푼으로 재료를 섞는다. 탄산음료의 경우는 가볍게 한두 차례만 저어 탄산이 빠져나가지 않도록 한다.

플로트 기법

플로트는 빌드의 테크닉으로, 액체 위에 액체를 띄우는 것이다. 재료가 섞이지 않도록 바 스푼의 뒷면에 대고 가볍게 흘려 액체를 따른다.

블렌드

바 블렌더(또는 믹서)를 사용하여 크러시드 아이스와 재료를 휘저어 섞어 셔벗 상태의 프로즌 스타일의 칵테일을 만드는 기법입니다. 얼음의 양과 섞는 시간에 따라 맛의 변화를 줍니다.

사용 도구

- 바 블렌더(믹서)
- 지거

포인트

- 얼음의 양과 섞는 시간은 만들어지는 모양을 봐가며 기호에 따라 마무리한다.
- 얼음이 적으면 부드럽고, 얼음이 많으면 딱딱하다.
- 과일을 사용할 때 과일, 얼음, 재료 순서로 넣으면 빛깔이 보기 좋게 나온다.

1 재료와 얼음을 넣는다

바 블렌더에 재료와 크러시드 아이스를 넣고 마개를 닫는다.

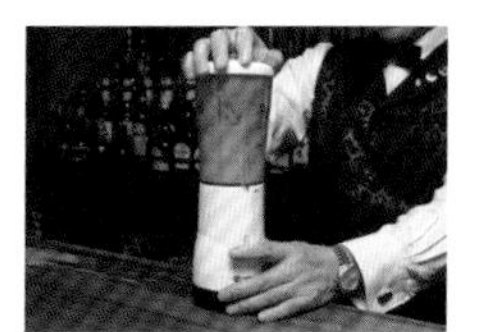

2 휘저어 섞는다

스위치를 켜서 섞는다. 얼음 부서지는 소리가 들리지 않으면 멈춘다.

3 잔에 담는다

기호에 알맞은 정도로 갈렸으면 스푼을 사용하여 잔에 담는다.

스터

스터(stir)는 '젓는다'는 뜻으로, 믹싱 글라스에서 재료를 섞어 저어 잔에 따르는 방법입니다. 비교적 섞기 쉬운 재료를 사용할 때 씁니다. 섬세한 풍미를 살리는 방법으로, 얼음과 재료를 재빨리 저어줍니다.

도구

- 스트레이너
- 믹싱 글라스
- 바 스푼
- 지거

포인트

- 풍미가 사라지지 않도록 재빠르면서 차분하게 젓는다.
- 젓는 횟수는 15~16회 정도로 한다.

1 믹싱 글라스에 얼음을 넣는다

믹싱 글라스에 얼음을 4~5개 넣어 60% 정도를 채운다.

2 얼음 모서리를 둥글게 한다

믹싱 글라스에 물을 부어 바 스푼으로 젓는다. 이렇게 해서 얼음 모서리를 둥글게 만들어준다.

3 물을 버린다

믹싱 글라스에 스트레이너를 얹어 물을 따라 버린다. 스트레이너를 쓸 때는 손잡이가 글라스의 주입구 반대쪽에 오게 한다.

4 재료를 넣는다

스트레이너를 제거하고 모든 재료를 넣는다.

5 재료를 섞는다

한쪽 손으로 믹싱 글라스의 바닥을 지탱해주면서 얼음의 회전력을 이용하여 바 스푼으로 차분하게 젓는다.

6 잔에 따른다

15~16회 정도 저은 다음 스트레이너를 얹고 검지로 누른다. 나머지 손가락으로 믹싱 글라스를 잡고 들어 올려 잔에 따른다.

셰이크

칵테일 만들기 기법 중 가장 인상적인 것은 셰이크인데, 섞고, 차갑게 하고, 맛을 부드럽게 하는 효과가 있습니다. 흔드는 방법 하나만으로도 맛이 달라지므로 솜씨가 매우 중요합니다.

도구
- 셰이커
- 지거

포인트
- 손의 열기에 얼음이 녹지 않도록 셰이커는 손끝으로 쥔다.
- 계란이나 크림 등 잘 섞이지 않는 재료는 흔드는 횟수를 두 배로 한다.

1 재료와 얼음을 넣는다
계량한 재료를 바디에 넣고 얼음을 80~90% 채운 다음 스트레이너와 캡을 씌운다.

2 셰이커를 쥔다
주로 쓰는 손의 엄지손가락으로 캡을 누르고 약지와 새끼손가락 사이에 바디를 둔다. 다른 쪽 손의 중지와 약지로 몸체의 바닥을 지탱하고, 나머지 손가락을 자연스럽게 갖다 댄다.

3 자세를 취하고 기울여서 위로 흔든다
가슴 높이에서 셰이커를 비스듬히 잡고 위로 넘기듯이 흔든다.

4 가슴 앞으로 가져온다
3의 위치로부터 셰이커를 가슴 앞으로 다시 가져온다.

5 기울여서 아래로 흔들다가 돌아온다
4에서 아래로 기울여 내렸다가 다시 가슴 앞으로 가져온다. 3~5의 동작을 리드미컬하게 4~5세트 반복한다.

6 잔에 따른다
캡을 벗기고 엄지와 집게손가락으로 스트레이너를 누르면서 잔에 따른다.

스노 스타일

스노 스타일은 잔의 테두리에 소금이나 설탕을 묻히는 장식 기법으로 리밍이라고도 합니다. 재료를 너무 많이 묻히지 않도록 주의하세요.

1 잔의 테두리를 적신다

레몬 등의 과즙을 사용하여 재료가 달라붙기 쉽도록 잔의 테두리를 적신다.

2 소금(설탕)을 묻힌다

평평한 접시에 소금(또는 설탕)을 넓게 편 다음, 잔을 거꾸로 하여 테두리를 굴린다.

3 여분의 양은 떨어낸다

잔의 다리를 가볍게 쥐고 여분의 소금(또는 설탕)을 떨어내 양을 조절한다.

필

레몬이나 라임 등 감귤류의 과일 껍질을 필이라고 합니다. 잔 위에서 짜서 필이 지닌 오일 성분의 에센스를 날려서 향을 냅니다.

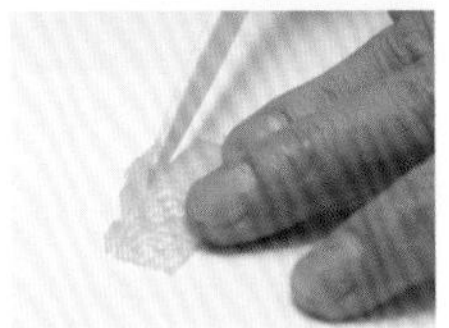

1 과일 껍질을 벗겨서 모양을 다듬는다

작은 칼로 껍질을 얇게 벗겨 2×1㎝ 정도 크기로 다듬는다.

2 짜 넣는다

껍질 표면이 잔을 향하게 하여 엄지와 중지 사이에 끼우고 검지로 뒤를 받쳐주면서 짠다.

비틀어 짜는 경우

껍질을 길게 잘라 양끝을 잡고 비틀어 짠다.

과일 가니시

과일 가니시는 칵테일을 화려하게 만들어줍니다. 자르고 장식하는 방법에 일정한 규칙이 있는 것은 아닙니다.

슬라이스 레몬으로 장식하기

원형 썰기를 하고 칼집을 낸다

두께 5~7㎜ 정도로 원형 썰기를 한다. 칼끝을 중앙으로 향하여 반지름 만큼만 칼집을 내고 잔의 테두리에 꽂는다.

커트 라임으로 장식하기

8등분하여 칼집을 낸다

라임을 세로로 8등분한 뒤 양끝 꼭지, 흰 껍질, 씨를 제거한다. 과육과 껍질 사이에 칼집을 넣어 잔의 테두리에 꽂는다.

잔

칵테일은 어울리는 잔에 따라야 비로소 그 맛을 최대한 즐길 수 있습니다. 잔을 올바르게 선택하는 것도 중요한 요소입니다.

※ 아래 소개하는 잔의 용량은 일반적인 것이며, 잔마다 다소 차이가 있습니다.

다리 달린 잔

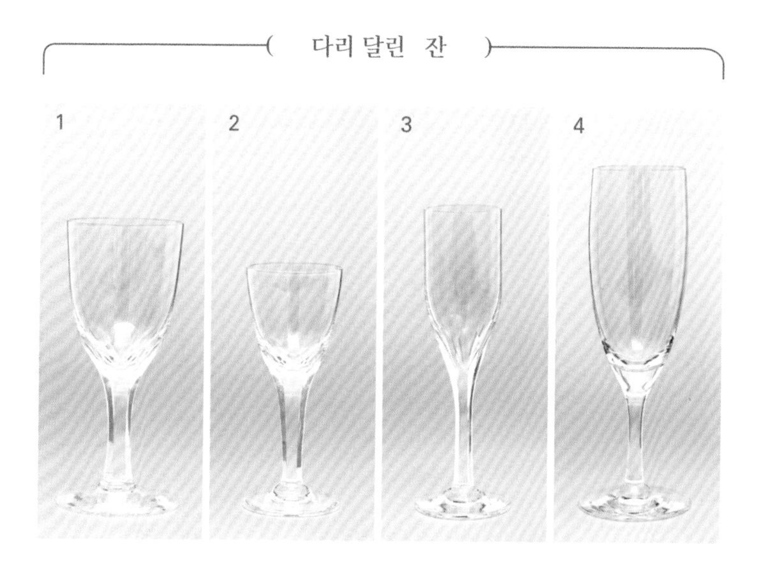

1 셰리 글라스

본래는 셰리주를 마시기 위한 잔이지만 위스키 등에도 사용한다. 용량은 60~75㎖.

2 리큐어 글라스

리큐어를 스트레이트로 마시기 위한 잔. 용량은 30~45㎖.

3 리큐어 글라스(푸스카페)

2와 같은 모양의 잔이지만, 이 잔은 푸스카페 스타일(비중의 크기를 이용하여 리큐어를 여러 층 겹치게 하는 것)을 위한 것이다.

4 사워 글라스

사워 스타일의 칵테일에 사용하는 중형의 잔. 용량은 120㎖ 정도.

5 칵테일 글라스

칵테일을 위해 만든 잔. 용량은 90㎖ 정도이고, 60~80㎖의 재료가 들어간다. 120~150㎖의 대형 잔도 있다.

6 고블릿

얼음을 넣은 롱 드링크나 맥주 등에 사용하는 잔. 용량은 300㎖ 정도.

7 브랜디 글라스

튤립형 잔. 향이 달아나지 않도록 위가 오므라진 모양이다. 용량은 240~300㎖.

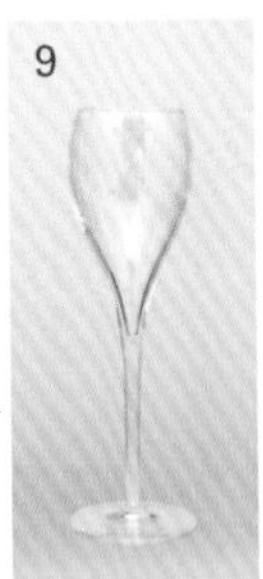

8 샴페인 글라스(소서형)

주로 건배용으로 사용하는 잔. 프로즌이나 프라페에도 사용한다. 용량은 120㎖ 정도.

9 샴페인 글라스(플루트형)

샴페인 포말이 생기는 칵테일에 적당한 잔. 용량은 120~180㎖ 정도.

10 와인 글라스

다양한 디자인이 있는 와인용 잔. 지름 65㎜에 화이트와인은 150㎖, 레드와인은 200㎖ 정도의 용량이 이상적이다.

11 맥주잔(필스너)

필스너 스타일 맥주(체코에서 시작된 라거 스타일)에 이상적인 잔. 용량은 250~330㎖ 정도.

평저형 잔

12 핫 글라스
뜨거운 음료에 적당한 내열성이 있는 잔. 손잡이가 붙어 있다.

13 위스키 글라스
싱글(30㎖)과 더블(60㎖)이 있다. 싱글은 숏 글라스라고도 부른다.

14 올드 패션드 글라스
온더록 스타일에 사용되는 잔. 록 글라스라고도 한다. 용량은 180~300㎖ 정도.

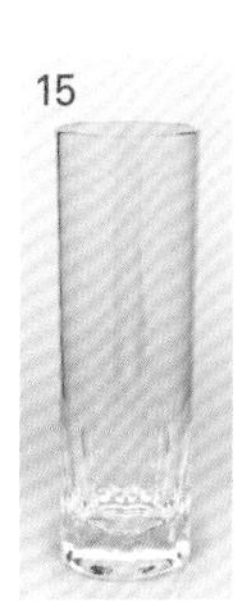

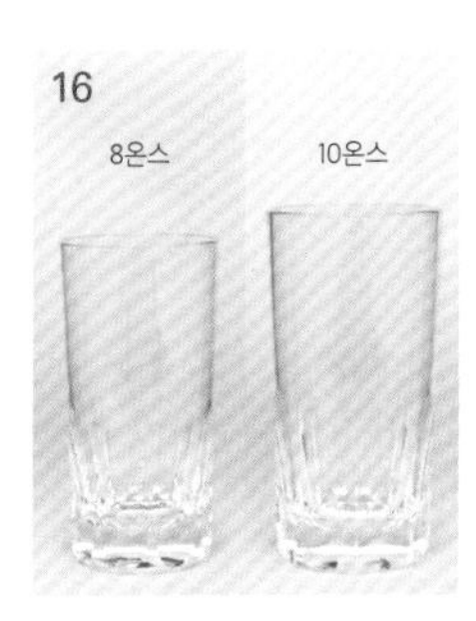

15 콜린스 글라스
지름이 작고 길쭉한 콜린스 스타일(p.24)용의 잔. 용량은 300~360㎖ 정도.

16 텀블러
롱 드링크에 자주 사용하는 잔. 용량은 8온스(240㎖)와 10온스(300㎖)가 있다.

잔 관리법

잔의 바닥을 쥔다
한쪽 손바닥에 바 타올을 펼친 다음, 잔의 바닥을 알맞게 쥔다. 다른 손으로 바 타올의 모서리를 잡고 잔 안쪽으로 밀어 넣는다.

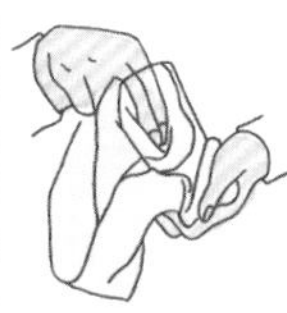

손을 돌리면서 닦는다
바 타올의 윗부분으로 잔의 테두리를 쥔 다음, 양쪽 손을 서로 반대 방향으로 돌리면서 잔을 좌우로 번갈아 닦는다.

칼럼

칵테일의 역사

**칵테일은 어떻게 생겨서 널리 퍼지게 되었을까요?
칵테일이 발전해온 역사를 소개합니다.**

칵테일의 시초는 명확하지는 않습니다. 고대 로마에서는 와인에 물을, 고대 이집트에서는 맥주에 꿀을 넣어 마셨다고 합니다. 만약에 이것을 칵테일에 포함시킨다면 칵테일은 술과 함께 탄생한 것이라고 할 수 있습니다.

19세기 후반에 제빙기가 개발된 뒤로 콜드 드링크가 탄생했습니다. 1920년에 미국에 금주법이 실시되자 미국 바텐더들이 유럽으로 많이 이주했고, 이로써 칵테일은 세계로 퍼졌습니다.

일본에서는 1860년에 문을 연 요코하마에 있는 호텔의 바에서 칵테일을 처음으로 선보였다고 합니다. 메이지 유신 초기에는 상류 계급에서 즐겼습니다만, 메이지 말기에서 다이쇼 시대에 걸쳐 거리의 바에서도 마실 수 있게 되었고, 개화와 함께 일본에서도 널리 퍼졌습니다.

칵테일의 유래

칵테일은 '수탉의 꼬리'라는 뜻인데, 유래에 대한 설이 여러 가지입니다.

1 도구의 이름 설

칵테일을 섞을 때 쓰는 막대가 수탉 꼬리와 비슷했기 때문에 '수탉의 꼬리(tail of cock)'라는 말이 붙었다.

2 미국 독립 전쟁 축하 설

독립파가 반독립파인 지주의 집에서 수탉을 훔쳐다가 굽고, 그 꼬리를 섞은 술에 장식한 것에서 유래했다.

3 사람 이름 설

멕시코의 왕에게 섞은 술을 바친 귀족 딸의 이름 '호크 토르'에서 유래했다. 이것이 미국으로 건너가 '칵테일'이 되었다.

4 '코크티에' 유래 설

럼에 계란을 섞은 '코크티에(coquetier)'라는 미국의 음료가 있었는데 발음이 변해 칵테일로 굳어졌다.

제 2 부

재료의 기초 지식

칵테일의 베이스로 사용되는 술은 종류가 풍부합니다.
여러 가지 술의 산지와 역사, 특징을 소개합니다.
좋아하는 칵테일을 찾아가는 데에 참고하시기 바랍니다.

스피릿이란 무엇인가

세계 각국에서 지역의 특색을 띤 술이 생산됩니다.
여기서는 칵테일 베이스로 많이 사용되는 '스피릿(증류주)'을 중심으로 소개하겠습니다.

영국 · 아일랜드
스코틀랜드에서는 스카치 위스키, 잉글랜드에서는 런던 드라이진, 아일랜드에서는 아이리시 위스키를 만든다.

러시아
보드카의 본고장. 무색, 무취, 무미의 레귤러 타입 외에도 과일 등으로 향미를 더한 플레이버드 보드카도 만든다.

일본
세계 5대 위스키인 재패니스 위스키를 비롯하여, 브랜디 등도 생산한다. 역사 깊은 스피릿인 소주와 아와모리 등도 있다.

독일
진의 한 종류인 슈타인해거와, 곡물로 만든 코른이 유명하다. 와인 생산지에서는 브랜디도 만든다.

프랑스
브랜디 생산량이 세계 1위. 포도주를 증류한 브랜디 외에, 와인의 짜고 남은 찌꺼기를 발효시켜 만든 브랜디, 과일 브랜디 등 종류가 풍부하다. 남프랑스에서는 진, 럼 등도 생산한다.

칵테일의 베이스가 되는 술

양조주
당질, 전분질을 포함한 원료를 효모로 발효시켜 만드는 술. 당질 원료로 만드는 것을 단발효주, 전분질 원료로 만드는 것을 복발효주라 부른다.
- 와인, 맥주, 일본주 등

증류주(스피릿)
양조주를 증류하여 알코올 성분을 높인 술. 도수 70% 정도의 증류액을 얻는 단식 증류와, 90~95% 이하의 연속식 증류가 있다.
- 진, 보드카, 럼, 테킬라, 위스키, 브랜디 등

혼성주(리큐어)
양조주 및 증류주에 허브, 스파이스, 과일, 향료, 당류 등을 섞거나 침출시켜 만드는 술.
- 각종 리큐어, 매실주, 미림 등

세계의 다종다양한 스피릿

맥주나 와인 등의 양조주를 증류시켜 만든 술을 스피릿이라고 합니다.
증류 기술은 16세기 유럽에서 전세계로 전파되어, 각지에서 스피릿이 생산되었습니다.
유명한 스피릿으로 위스키, 브랜디, 세계 4대 스피릿인 진, 보드카, 럼, 테킬라 등이 있습니다. 일본의 소주와 아와모리도 스피릿의 일종입니다.
스피릿은 당질, 전분질이 함유되어 있다면 무엇이든 원료로 하여 만들 수 있습니다. 그래서 세계 각국의 다종다양한 스피릿이 칵테일의 매력을 만들어냅니다.

미국
'버번'으로 알려진 아메리칸 위스키의 본고장. 테네시, 라이 위스키도 유명. 보드카 생산은 본고장인 러시아를 뛰어넘어 세계 1위.

캐나다
세계적으로 유명한 캐나디안 위스키는 세계 5대 위스키 중 하나로, 가볍고 부드러운 맛을 낸다.

멕시코
테킬라 생산국. '아가베 아술 테킬라나' 품종으로만 만들며, 생산 가능한 지역도 한정되어 있다.

서인도 제도·중남미
쿠바, 자메이카에서는 럼을 많이 만든다. 브라질에서는 카샤사(핑가), 콜롬비아에서는 아과르디엔테 등이 친숙하다.

세계 4대 스피릿이란?
칵테일의 베이스로 특히 많이 사용되는 화이트 스피릿 4종을 가리키는 말. 증류주는 크게 화이트 스피릿, 브라운 스피릿(위스키, 브랜디 등)으로 나뉜다.

스피릿 탐구 1

진

마티니, 진 피즈 등의 칵테일 베이스로 빠져서는 안 되는 진. 네덜란드에서 태어난 약주로 주니퍼베리를 사용해 만듭니다. 세계 4대 스피릿의 하나이며 세계적 지명도를 얻었습니다.

영국에서 개화한 상쾌한 향의 스피릿

진은 그레인 스피릿(곡물을 원료로 한 증류주)으로, 향과 맛을 내는 원료를 더해 재증류하여 만듭니다.

진에 상쾌함을 더하는 주니퍼베리는 이뇨 효과가 높아서, 처음에는 약용주로서 개발되었습니다. '주니버'라 불리며, 그 향과 싼 가격 때문에 음료주로서 인기를 얻었습니다. 그 후 '진'이라는 이름으로 영국에서도 즐기게 되어, 18세기 전반에는 영국 전역에 퍼졌습니다. 19세기에는 연속식 증류기를 거쳐 세련된 맛을 내는 강한 맛의 '런던 드라이진'이 등장하여 지금까지도 인기를 끌고 있습니다.

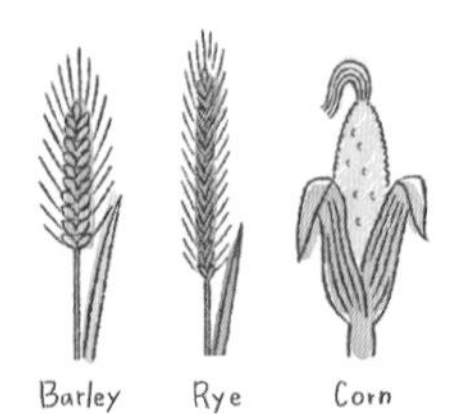

진의 역사

1666년

네덜란드에서 약용주로 탄생

네덜란드의 프란시스쿠스 실비우스 교수가 열병의 특효약으로 1660년에 개발. 약국에서 이뇨제로 판매되었는데, 주니퍼베리의 향과 적당한 가격 덕분에 음료주로서 평판을 얻게 된다.

1689년

영국에서 맞이한 '진의 시대'

1689년 네덜란드의 윌리엄 3세가 영국 국왕이 되어 네덜란드의 국민주 주니버를 보급하였고, 영국에서는 '진'이라 불리게 된다. 19세기 후반 연속식 증류기로 만든 '드라이진'이 탄생.

1920년 무렵

미국에서 주목을 받고, 세계에 데뷔

영국의 '런던 드라이진'이 금주 시대의 미국에 도입되었고, 숨어 마시던 칵테일의 베이스로 사용된다. 무색, 무미, 무취의 드라이진은 급속히 보급되어 세계적으로 우위를 차지했다.

진의 종류

유럽을 중심으로 다양한 풍미의 진을 생산

진의 주된 생산지는 유럽입니다. 네덜란드는 주니퍼베리와 맥아의 향과 맛이 풍부한 주니버, 영국은 깔끔한 맛의 런던 드라이진, 당분을 더한 올드톰 진, 향이 강한 플리머스 진, 과일 향을 더한 플레이버드 진 등을 생산합니다. 또 독일에서는 진의 일종인 슈타인해거를 만듭니다.

주니버

주니퍼베리의 향이 감도는 네덜란드 전통의 진. 단식 증류기로 옛날 방식에 따라 제조한다. 강한 향과 맛이 있다.

런던 드라이진

연속식 증류기로 스피릿을 만들고, 두 가지 방법으로 향을 더한다. 향과 맛이 상쾌하게 가볍다. 현재 진이라고 하면 이 타입을 가리킨다.

올드톰 진

드라이진에 1~2%의 당분을 더한 것. 고양이 모양 자동판매기에서 판매했던 것에서 유래해 수고양이의 애칭인 '톰캣'이라는 이름이 붙었다.

플리머스 진

영국 남서부의 항구 도시 플리머스에서 만든 향이 강한 드라이진. 단맛이 살짝 감돈다. 처음에 김렛의 베이스로 사용했다.

플레이버드 진

과일 등으로 향을 더한 진. 슬로 진, 오렌지 진, 진저 진과 같이 이름 앞에 재료 이름을 붙여 부른다.

슈타인해거

생 주니퍼베리를 사용한 독일 진. 주니퍼베리의 스피릿과 그레인 스피릿을 섞어 재증류한다.

카탈로그

볼스 제네버

네덜란드 전통의 진. 향과 맛이 좋은 몰트 향과 주니퍼베리의 향미가 특징.

도수 42도 **용량** 700mℓ
제조사 루카스 볼스

탠커레이 런던 드라이진

세련되고 예리한 맛이 인기. 인상적인 병 모양새는 18세기의 소화전을 본뜬 것이라고 한다.

도수 47.3도 **용량** 750mℓ
제조사 디아지오

비피터 진

1820년 탄생한 이래 전통적 방법에 따라 만드는 런던 드라이진. 상쾌한 감귤 계열의 맛이 특징.

도수 47도 **용량** 750mℓ
제조사 제임스 버로우

고든스 런던 드라이진

세계 최초로 진 토닉을 생겨나게 한 브랜드. 140개국에서 사랑받는 세계 넘버원 프리미엄 진.

도수 40도 **용량** 700mℓ
제조사 디아지오

봄베이 사파이어

세계 각처에서 엄선한 열 가지 보태니컬(식물)을 사용한, 복잡하면서도 깔끔한 향과 맛이 매력적인 프리미엄 진.

도수 47도 **용량** 750mℓ
제조사 바카디

보드카

12세기 무렵부터 마셔왔다고 알려진 보드카는, 굳이 설명이 필요 없는 러시아의 국민주. 도수가 매우 높아 소독약으로도 사용되는 등 생활 속에서 유용하게 이용된다.

깔끔한 술맛으로 사랑받는 세련된 러시아의 향토주

보드카는 옥수수, 호밀, 감자 등을 원료로 하여 만듭니다. 그런데 11~12세기에는 보드카가 '지즈네냐 보다(Zhiznennia Voda, 생명의 물)'로 불리는 동유럽 향토주였고, 이 무렵에는 호밀로 만든 맥주와 벌꿀주를 증류하여 만들었다고 합니다.

19세기 들어서 보드카 브랜드의 하나인 스미노프의 창업자가 보드카 제조에 숯의 활성 작용을 이용함으로써 술맛이 깔끔해졌습니다. 19세기 후반에 연속식 증류기가 도입된 뒤로 더 깔끔하고 중성적인 맛이 되었습니다. 20세기에 유럽과 미국에서 칵테일 문화가 발전함에 따라 세계적으로 널리 퍼졌습니다.

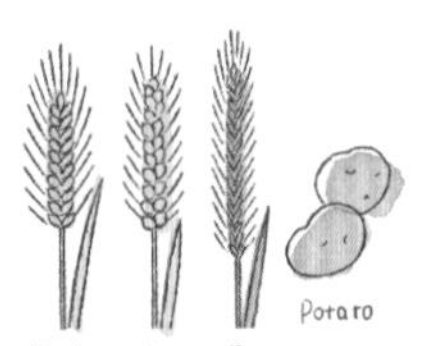

보드카의 역사

~12세기 무렵

보드카의 선조는 증류주

기원은 불확실하지만 12세기 전후 동유럽에서 탄생하여 맥주나 벌꿀주로 만들었던 것으로 보인다. 17~18세기에는 주로 호밀, 18세기 후반에는 옥수수나 감자도 사용하게 되었다.

19세기

숯과 증류기로 현재의 맛이 탄생

1810년 약제사였던 안드레이 아르바노프가 숯의 활성 작용을 발견하였고, 보드카 제조에 숯으로 거르는 방식이 도입되었다. 이 기술과 함께 연속식 증류기가 쓰이며 현재와 같은 보드카의 원형이 생겨났다.

20세기

러시아로부터 세계로

1917년 러시아 혁명 후 각국으로 망명을 떠난 러시아인들이 그곳에서 보드카를 만들기 시작했다. 1933년 미국의 금주법 폐지 이후 미국에서도 보드카 제조가 성행했다. 1950년대에는 보드카가 지닌 중성적인 주질이 칵테일 베이스로 알맞다는 평가를 받아 인기를 더해갔다.

보드카의 종류

기본은 무색·무미·무취, 향을 더한 것도

보드카는 크게 레귤러 타입과 플레이버드 보드카, 두 가지로 나눌 수 있습니다.
레귤러 타입은 무색투명한 것이 특징입니다. 향도 거의 없기 때문에 칵테일 베이스로 많이 사용됩니다. 이에 비해 플레이버드 보드카는 과일 및 허브의 향, 당분 등을 더한 것으로, 러시아와 폴란드처럼 보드카를 주로 스트레이트로 마시는 지역에서 만듭니다.
북유럽의 스웨덴 등에서도 16세기 무렵부터 보드카를 생산하고 있습니다.

레귤러 타입

투명하고 향이나 맛이 거의 없어 칵테일의 베이스로 이상적인 술. 자작나무 숯으로 여과해 깔끔하고 중성적인 주질. 알코올 도수가 높고, 다양한 원료로 만들지만 맛의 차이는 생기지 않는다. 러시아와 미국에서 많이 생산한다.

플레이버드 보드카

과일, 허브 등으로 향과 당분을 더하여 풍미를 입힌 것. 러시아, 폴란드, 스웨덴, 핀란드, 덴마크 등 주로 보드카를 스트레이트로 마시는 지역에서 생산한다.

대표적인 플레이버드 보드카

- 주브로카(주브로카 풀의 향을 더한 것)
- 스타르카(배와 사과의 잎을 담가 소량의 브랜디를 더한 것)
- 리모나야(레몬의 향을 더한 것)
- 오코트니차(생강, 클로브, 주니퍼베리 등의 향을 더하고, 오렌지나 레몬 껍질로 쓴맛을 더한 것)

카탈로그

스미노프

19세기 러시아 황제의 어용주라는 영예를 얻었다. 판매량 세계 1위의 정통파 프리미엄주.

도수 40도 **용량** 750㎖
제조사 디아지오

스톨리치나야

'수도'라는 뜻의 이름처럼 모스크바에서 만든다. 섬세한 아로마와 부드러운 입맛으로 인기.

도수 40도 **용량** 750㎖
제조사 SPI

그레이 구스

최고 품질을 추구하는 프랑스산 고급 보드카. 순수하고 단맛이 느껴지는 부드러운 마무리가 특징.

도수 40도 **용량** 700㎖
제조사 바카디

벨베데레

오직 호밀과 경도 0의 초연수만 사용하여 만든다. 혀끝에서 느껴지는 크리미함과 바닐라 같은 향미가 특징.

도수 40도 **용량** 700㎖
제조사 폴모스 비아위스토크

주브로카

폴란드의 세계 유산인 비아워비에자 숲에서 나는 비손그라스를 절여 넣은 보드카.

도수 40도 **용량** 500㎖
제조사 폴모스 비아위스토크

스피릿 탐구 3

럼

뱃사람들이 즐겨 마셨던 럼은 세계적으로 사랑받고 있는 증류주입니다. 사탕수수를 원료로 만들며, 발효법과 증류법의 차이에 따라 맛이 달라져 칵테일의 세계를 넓혀줍니다.

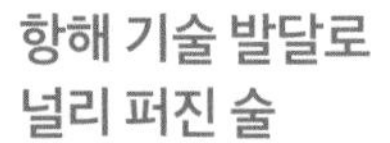

항해 기술 발달로 널리 퍼진 술

럼은 서인도 제도를 중심으로 생산된 증류주입니다. 럼의 탄생에 대한 설은 여러 가지입니다만, 적어도 17세기에는 유럽으로부터 증류 기법을 도입해 사탕수수로 증류주를 만들었을 것으로 보입니다.
18세기 항해 기술의 발달로 럼이 세계에 알려집니다. 영국 해군에서는 병사에게 럼을 지급했으며, 노예 무역과 밀접한 '삼각 무역'에서 럼은 주요 상품이기도 했습니다.
현재 럼은 서인도 제도뿐만 아니라 많은 나라와 지역에서 제조되며, 소비량이 높은 술 가운데 하나입니다.

럼의 역사

15세기 말

사탕수수가 서인도 제도로

1492년 콜럼버스가 신대륙에 도착한 뒤로 에스파냐로부터 사탕수수가 들어왔다. 사탕수수는 카리브해에 있는 서인도 제도의 기후에 잘 맞아 대량으로 생산된다.

~17세기

럼 제조법이 정착하다

럼의 기원에 관한 설 중 하나는 17세기 초 에스파냐 탐험 대원이 만들었다는 것이다. 다른 하나는, 17세기 초 영국 사람이 만들었다는 설이다. 17세기 기록에 사탕수수의 증류주에 관한 내용이 나와 있으므로 그 무렵에는 럼을 만들었던 것으로 볼 수 있다.

~18세기

삼각 무역을 통해 유럽으로

유럽, 서아프리카, 서인도 제도의 삼각 무역에서 럼(흑인 노예의 몸값)·흑인 노예(사탕수수 재배를 위한 노동력)·당밀(럼의 원료)이 중요 상품으로 순환되었다. 이를 통해 럼은 전 세계로 보급되었다.

럼의 종류

독특한 풍미가 특징 풍미와 색으로 분류

럼은 풍미와 색으로 분류합니다.

풍미에 따라 라이트, 미디엄, 헤비 세 가지로 나눕니다. 라이트 럼은 입맛과 풍미가 가볍고, 미디엄 럼은 향미와 매끄러운 입맛이 특징. 헤비 럼은 풍미가 풍부합니다.

색에 따라 화이트, 골드, 다크 세 가지로 나눕니다. 활성탄 처리를 통해 색과 잡맛을 없앤 화이트 럼, 위스키나 브랜디에 가까운 색을 띤 골드 럼, 짙은 갈색의 다크 럼으로 분류합니다.

풍미로 분류

라이트 럼

연속식 증류기로 활성탄 등으로 여과하여 만든다.

미디엄 럼

발효액의 웃물만 증류하여 술통에 저장. 라이트 럼과 헤비 럼을 섞은 것도 있다.

헤비 럼

발효액을 단식 증류기로 증류하고, 내부를 그을린 술통에서 수년 간 숙성시킨다.

색으로 분류

화이트 럼

술통에 저장함으로써 색이 더해진 원주를 여과하여 무색투명의 깔끔한 풍미를 띠게 된다.

골드 럼

화이트 럼에 캐러멜 등으로 색을 더한다. 색깔은 위스키에 가깝다.

다크 럼

짙다

술통에 저장하여 갈색이 되면 여기에 캐러멜 등으로 착색한다. 짙은 갈색을 띤다.

카탈로그

바카디 슈페리어(화이트)

세계 120여개국에서 사랑받는 바카디 사의 '박쥐 럼'. 칵테일 베이스의 가장 기본이 되는 것.

도수 40도 **용량** 750mℓ
제조사 바카디

론리코 151

카리브해에서 생산되는 헤비 럼. 강한 알코올 도수의 임팩트 있는 맛.

도수 75도 **용량** 700mℓ
제조사 론리코 럼

애플턴 화이트

연속식 증류기에서 가볍고 드라이하게 마무리했다. 깔끔하고 부드러운 맛이 칵테일과 잘 어울린다.

도수 40도 **용량** 750mℓ
제조사 애플턴

마이어스 럼 오리지널 다크

엄선한 자메이카산 럼을 숙성시켜 만든 다크 럼으로 화려한 향이 특징.

도수 40도 **용량** 700mℓ
제조사 디아지오

론 사카파 23

독자적 숙성법인 '솔레라 시스템'으로 만든다. 최고 23년 동안 숙성된 원주를 중심으로 블렌딩한 고품질 럼.

도수 40도 **용량** 750mℓ
제조사 리코레라 사카파네카

테킬라

다육 식물로 만드는 멕시코산의 독특한 술. 멕시코 올림픽을 계기로 주목받기 시작, 세계 4대 스피릿으로 뛰어올랐습니다.

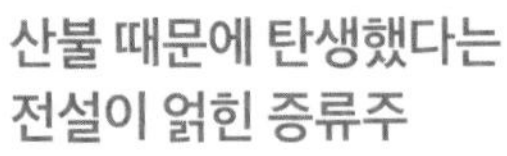

산불 때문에 탄생했다는 전설이 얽힌 증류주

테킬라는 아가베로 만드는 증류주입니다. 예부터 멕시코에는 아가베로 만든 '풀케'라는 양조주가 있었는데, 3세기 무렵에 이미 존재했다고 합니다. 16세기에 멕시코를 식민지로 만든 에스파냐 사람들이 이것을 증류하여 메스칼(테킬라의 일종)을 만들었습니다.

메스칼이 '테킬라'라고 불리게 된 것은 20세기의 일입니다. 식물학자인 에바가 테킬라 마을 부근에서 채취한 아가베가 메스칼 만드는 데 가장 적합한 품종이라고 특정하였습니다. 이후 이 품종으로 만든 메스칼만을 '테킬라'라고 부르도록 법률로 정했습니다.

테킬라의 역사

~15세기

아가베로 만든 향토주 '풀케'

풀케는 200년경 이미 존재했다고 한다. 이 지역에서 번영한 아스텍 문명의 신화 속에 아가베의 신이 묘사되어 있는 등 아가베는 종교적으로도 중요했다. 원료로 쓰는 종은 아가베 아트로비렌스, 아가베 아메리카나이다.

16세기

증류 기술을 들여오다

16세기에 멕시코를 식민지로 만든 에스파냐가 증류 기술을 들여와 풀케를 증류한 술 메스칼이 생산된다. 증류기의 정밀도가 낮아서 지금보다 원료의 향과 맛이 진했다고 한다.

20세기

향토주에서 세계의 테킬라로

메스칼 제조에 최적의 품종이 특정되었고, 이 품종을 생산하는 멕시코 5개 주의 메스칼만이 '테킬라'라는 이름을 쓸 수 있게 되었다. 멕시코 올림픽 등을 계기로 세계에 퍼졌다.

테킬라의 종류

테킬라를 만드는 것은 오직 멕시코 5개 주

'아가베 아술 테킬라나'를 51% 이상 사용한, 멕시코 5개 주(아래 참조)에서 생산한 메스칼만을 '테킬라'라고 부릅니다.
테킬라는 숙성 정도에 따라 세 가지로 나뉩니다. 화이트 테킬라는 푸른 채소의 강하고 샤프한 향이 특징으로, 증류 후 숙성하지 않습니다. 술통에서 2개월 이상 숙성시켜 황금색을 띠는 것을 골드 테킬라(테킬라 레포사도), 1년 이상 숙성시킨 것을 테킬라 아녜호라 부릅니다.

숙성 기간으로 분류

화이트(블랑코)

무색투명하며 아가베의 푸른 향이 있다. 보통 증류하여 곧바로 출하한다.

골드(레포사도)

증류 후 2개월 이상 술통에서 숙성시킨 것. 엷은 금색을 띤다.

아녜호

1년 이상 술통에 저장하는 것이 규칙이자 의무이다. 풍미가 부드럽다.

테킬라를 생산하는 주

테킬라 생산지는 위의 5개 주뿐. 다른 지역에서 생산한 것은 메스칼이라고 부른다.

카탈로그

파트롱 실버

달콤하고 상쾌한 맛, 뛰어난 품질로 입에 부드럽게 감기는 맛이 매력. 블루 아가베만을 사용한다.

도수 40도 **용량** 750mℓ
제조사 바카디

호세 쿠에르보 에스페샬

스트레이트로 마시기에 최적의 진한 맛이 인기. 칵테일 베이스로서도 평가가 높다.

도수 40도 **용량** 750mℓ
제조사 호세 쿠에르보

카사도레스 레포사도

아메리카산의 새 오크통에서 6개월 숙성. 풍부한 향과 부드러운 맛이 인상적.

도수 40도 **용량** 750mℓ
제조사 바카디

테킬라 사우자 골드

달콤한 캐러멜 향과 은은하게 느껴지는 아가베, 매끄럽고 부드러운 맛을 낸다.

도수 40도 **용량** 750mℓ
제조사 테킬라 사우자

1800 아녜호

12개월에 걸친 숙성으로 혀에 매끄럽게 감기며, 향기로운 과일 향이 난다. 여운 있는 깊은 맛.

도수 40도 **용량** 750mℓ
제조사 호세 쿠에르보

위스키

연금술사가 만들어낸 호박색의 아름다운 술

연금술사가 만든 강렬한 술이 불로장생의 비약으로 세계 널리 퍼졌습니다. 위스키도 그 하나로, 켈트어 'usquebaugh'가 어원인데 이는 라틴어 '아쿠아 비테(생명의 물)'를 직역한 말입니다.

위스키는 원료와 제조법에 따라 분류됩니다. 예를 들어 '싱에 따라서도 분류가 달라져 '세계 5대 위스키'를 생산하는 5개의 생산국으로 나뉩니다.

세계 5대 위스키

스카치 위스키

영국 스코틀랜드 지방에서 생산. 피트(이탄) 향이 특징인 몰트 위스키가 유명.

아이리시 위스키

보리 맥아, 보리, 호밀, 밀 등을 원료로 만든다. 경쾌한 맛이 특징.

아메리칸 위스키

붉은빛이 감도는 액체와 향기로운 향을 지닌 버번은 주원료가 옥수수이다.

캐나디안 위스키

옥수수가 주성분인 위스키에 호밀 주성분인 위스키를 블렌드한 것. 가벼운 맛.

재패니스 위스키

보리와 곡류를 사용하여 스카치 위스키 제조법을 참조하여 만들었다. 마일드한 풍미와 화려한 향이 특징.

카탈로그

시바스 리갈 12년

스카치 위스키를 상징하는 예술적 블렌딩. 원숙한 맛으로 변함없이 인기를 얻고 있다.

도수 40도 **용량** 700㎖
제조사 시바스 브라더스

와일드 터키 라이

호밀 51% 이상을 원료로 사용한 위스키. 스파이시하면서도 바닐라 향이 감도는 섬세한 맛.

도수 40도 **용량** 700㎖
제조사 오스틴 니콜라스

캐나디안 클럽 클래식 12년

호밀 원료 특유의 화려하고 풍부한 향이 있다. 마일드한 입맛과 깊은 향이 즐거움을 준다.

도수 40도 **용량** 700㎖
제조사 빔 산토리

다케쓰루 퓨어 몰트

품질 좋은 몰트 100%로 만들었다. 향이 풍부하고 입안에서 매끄러움이 느껴지는 퓨어 몰트 위스키.

도수 40도 **용량** 700㎖
제조사 니카 위스키

스피릿 탐구 6

브랜디

와인이 만들어낸 향기롭고 맛있는 스피릿

브랜디는 와인을 증류하여 만든 술입니다. 포도가 원료인 그레이프 브랜디, 과일이 원료인 프루츠 브랜디가 있습니다.
그레이프 브랜디의 대표는 코냑과 아르마냐크로, 이들은 한정된 지역에서만 생산이 허락됩니다. 다른 지역의 것은 프렌치 브랜디, 프랑스 이외 지역의 것은 간단히 브랜디라고 부릅니다. 프루츠 브랜디는 사과로 만든 칼바도스, 체리로 만든 키르슈 등 종류가 많습니다.

그레이프 브랜디의 대표 생산국

프랑스 | 코냑

코냑 시 안에 있는 두 개 지역에서만 만든다. 단식 증류기로 2회 증류하여 화이트 오크통에서 숙성시킨다.

프랑스 | 아르마냐크

아르마냐크 지방의 세 개 지역에서 생산. 반연속식 증류기에서 1회 증류하여 블랙 오크통에서 숙성.

프랑스 | 프렌치 브랜디

프랑스산 브랜디의 총칭. 위의 두 가지 외에는 '오드비 드뱅'이라 부른다.

프랑스 | 마르(오드비 드마르)

와인을 만들고 난 찌꺼기를 발효시켜 증류하여 만든다.

이탈리아 | 그라파

포도 찌꺼기로 만드는 이탈리아산 브랜디. 술통에서 숙성시키지 않는 것이 많다.

남미 | 아과르디엔테

에스파냐어로 '불타는 물(증류주)'. 포도뿐 아니라 사탕수수 증류주까지도 포함한다.

카탈로그

헤네시 V.S

세계적으로 사랑받고 있는 명품. 우아하고 싱그러운 맛은 코냑의 상징이기도 하다.

도수 40도 용량 700㎖
제조사 헤네시

카뮈 V.S.O.P 엘레강스

보르드리산 등의 원주를 사용. 스트레이트, 온더락, 진저에일에 섞어 마시는 것을 추천한다.

도수 40도 용량 700㎖
제조사 카뮈

샤보 X.O

23~35년 숙성된 원주를 사용. 화려한 향과 견고한 바디감이 우아함을 자아낸다.

도수 40도 용량 700㎖
제조사 엠지 셀러스

칼바도스 불라르 그랑 솔라주

익은 사과의 과일향과 숙성한 맛이 절묘한 균형을 이루고, 매끄러운 입맛.

도수 40도 용량 700㎖
제조사 칼바도스 불라르

리큐어란 무엇인가

칵테일에 색을 입히는 리큐어

리큐어는 스피릿에 과일이나 허브 등의 향미 성분을 배합한 술입니다. 많은 경우 당류와 색소류를 첨가하여 맛과 색을 더합니다. 향미 원료의 배합, 베이스 스피릿, 추가 재료 등은 각 제조업체만의 비법입니다.

13세기에 약이 되는 술로 등장한 리큐어는 상류 계급으로부터 귀한 대접을 받았습니다. 16세기에는 '액체의 보석', '마시는 향수'라 불리며 패션의 하나가 되었으며, 18세기에는 서민에게도 보급되었습니다. 각 가정에서도 만들게 되었고, 기술 발달에 따라 새로운 리큐어가 등장하여 칵테일의 세계를 다채롭게 열었습니다.

향미 원료는 크게 네 종류

리큐어는 증류주에 향미 성분을 더한 술. 향미 원료는 네 가지로 나눌 수 있는데, 과일 엑기스를 더한 과일 계열, 허브류의 향미를 더한 허브·스파이스 계열, 커피나 카카오 등의 너트·씨앗·핵과 계열, 계란이나 크림 등의 특수 계열입니다.

결정적인 것은 향미 성분의 추출

향미 성분을 추출하는 방법은 침지법, 증류법, 여과법, 에센스법 등 넷으로 크게 나뉩니다. 원료에 따라 적합한 추출법이 다르므로, 대개는 복수의 방법을 조합하여 사용합니다. 그 방법에 대해서는 각 원료를 설명할 때 소개합니다.

연금술사가 만들었다?

리큐어의 시작은 13세기 말 로마 교황의 주치의이자 연금술사였던 아르노 드 빌뇌브가 만든 '클레레트'라는 약주였다고 합니다. 여러 가지 약초를 달여 만든 리큐어는 귀중한 약품으로 취급되었습니다.

주세법에 따른 리큐어의 규정

한국 주세법에 따르면 리큐어는 소주, 위스키, 브랜디, 일반 증류주의 규정에 따른 주류로서 불휘발분(전체용량에 포함되어 있는 휘발되지 않는 성분)이 2도 이상인 것을 가리킵니다.

리큐어 탐구 1

과일 계열

과일 종류만큼이나 풍부하고 다양

과일 향미가 첨가된 리큐어를 만드는 방법으로는 베리류·열대 과일 등 과육으로부터 추출하는 방법, 오렌지 등 감귤류의 과피로부터 추출하는 방법이 있습니다. 전자의 경우는 베이스가 되는 스피릿에 원료를 담그는 침지법을 쓰는데, 그중에서도 수일에서 수개월 동안 담가 향미를 입히는 '냉침지법'을 씁니다. 후자는 스피릿과 함께 증류기에 넣어 증류하는 증류법으로 향미를 추출합니다. 같은 과일이라도 배합과 제조법에 따라 맛이 달라집니다.

주재료	
과육	체리 살구 복숭아 베리 멜론 서양배 등
과피	오렌지 만다린 레몬 등
열대 과일	바나나 코코넛리치 파인애플 패션프루트 등

리큐어 탐구 2

허브·스파이스 계열

리큐어의 출발점이 된 개성적인 맛

약주로서 시작된 리큐어에서 허브와 스파이스는 중요한 원료입니다. 허브류는 과일계열 리큐어에도 많이 쓰이며 맛에 깊이를 줍니다. 허브류의 경우는 미리 온수에 담가두고 거기에 스피릿을 더하는 '온침지법'을 씁니다. 또 에센셜 오일 성분이 포함된 아니스와 같은 종자 계열의 스파이스는 증류법으로 스피릿에 향미를 녹여 넣습니다. 현재는 쓴맛을 억제하여 마시기 쉽게 만들고 있습니다.

주재료와 특징	
비터 계열	쓴맛, 약초 풍미
파스티스 계열	아니스, 리코리스 풍미
베네딕틴 계열	바닐라, 벌꿀, 쓴맛, 아몬드 풍미
갈리아노 계열	아니스, 바닐라, 약초 풍미
드람비 계열	위스키, 벌꿀, 약초 풍미
기타	페퍼민트, 바이올렛, 녹차, 홍차

리큐어 탐구 3

너트·씨앗·핵과 계열

달고 향기롭고 풍부한 맛을 낸다

과일의 씨앗과 핵, 커피콩, 바닐라 등의 향을 더한 리큐어. 당류나 스파이스를 더해 향미의 균형을 갖추어 마무리합니다. 칵테일뿐만 아니라 과자의 향을 더할 때나, 시럽으로 사용하기도 합니다. 향미를 추출할 때는 냉침지법이나 커피를 내릴 때처럼 스피릿과 뜨거운 물을 순환시키는 여과법을 씁니다.

주재료	
너트 계열	헤즐넛, 호두, 마카다미아
씨앗 계열	커피, 카카오
핵과 계열	살구의 핵

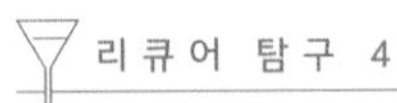

리큐어 탐구 4

특수 계열

독특한 재료를 사용한 새로운 리큐어

계란이나 유제품 같은 동물성 성분을 스피릿에 섞은 유액상의 리큐어. 특수 계열 리큐어가 제품화된 것은 20세기에 들어서인데, 계란을 섞어 만든 술인 아드보카트에서 시작되었습니다. 이전까지는 불가능하다고 여겨졌던 알코올과 크림을 융합시키는 기술이 1970년대에 개발됨으로써 크림을 사용한 리큐어가 탄생했습니다. 이후 특수 계열의 대표격이 되었습니다.

주재료와 특징	
크림 계열	위스키·브랜디 베이스, 초콜릿 크림, 스트로베리 크림
기타	계란, 우유, 요구르트

리큐어 카탈로그

과일 계열

그랑 마르니에 코르동 루주

엄선된 코냑과 카리브해의 비터 오렌지에서 탄생한 프리미엄급 오렌지 리큐어.

도수 40도 **용량** 700㎖
제조사 마르니에 라포스톨

볼스 블루

과일 향이 특징. 과피를 많이 사용하여 달콤한 시트러스 향이 난다.

도수 21도 **용량** 700㎖
제조사 루카스 볼스

르제 크렘 드 카시스

양질의 카시스(까막까치밥나무) 열매가 내는 달콤하고 풍부한 향과 은은한 산미로 인기인, 카시스 리큐어의 원조.

도수 20도 **용량** 700㎖
제조사 르제 라구트

쿠앵트로

비터와 스위트, 2종의 오렌지 과피를 완벽한 균형감이 느껴지게 블렌드. 100% 내추럴의 풍부한 아로마.

도수 40도 **용량** 700㎖
제조사 레미 쿠앵트로

허브·스파이스 계열

캄파리

여러 종류의 허브·스파이스로 만드는, 이탈리아를 대표하는 쌉쌀한 맛의 리큐어. 붉은색이 특징이다.

도수 25도 **용량** 750㎖
제조사 다비데 캄파리

페르노

많은 예술가들에게 사랑받는, 200년 역사를 자랑하는 아니스 리큐어. 물을 섞으면 색깔이 변화를 일으켜 즐겁다.

도수 40도 **용량** 700㎖
제조사 페르노

베네딕틴 돔

프랑스를 대표하는, 전통 있는 약초 계열 리큐어. 묵직하고 원숙한 단맛이 특징.

도수 40도 **용량** 750㎖
제조사 바카디

드람비

스카치 위스키와 헤더 꿀, 다양한 허브를 배합해 만들었다. 허브 향이 나는 깊은 맛.

도수 40도 **용량** 750㎖
제조사 드람비 리큐어

너트·씨앗·핵과 계열

칼루아 커피 리큐어

아라비카 커피로 만든 리큐어. 깊고 부드러운 향과 달콤한 풍미가 조화롭다.

도수 20도 **용량** 700㎖
제조사 T·A·C

특수 계열

베일리스 오리지널 아이리시 크림

특수 계열 리큐어의 금자탑. 크림과 아이리시 위스키의 황홀한 맛.

도수 17도 **용량** 700㎖
제조사 디아지오

기타 베이스 탐구 1

와인

깊은 역사를 지닌 '그리스도의 피'

그리스도의 "빵은 나의 육신, 와인은 나의 피"라는 말과 함께 와인은 유럽 전역으로 퍼졌습니다. 와인은 현재 즐기는 술 가운데 역사가 가장 오래되었습니다.

코르크 마개가 개발된 17세기에는 샴페인이 등장했습니다. 18세기에는 와인에 증류주를 더한 셰리주와 포트와인이 나왔고, 기타 베리에이션도 발전했습니다. 칵테일에는 산뜻하면서 품격있는 맛을 지닌 샴페인을 자주 사용합니다.

와인의 분류

스틸 와인

무발포성의 일반적인 와인으로, '스틸(still)'은 고요하다는 의미. 레드·화이트·로제 세 종류가 있다.

스파클링 와인

발포성 와인을 가리킨다. 이 가운데 프랑스의 샹파뉴 지방에서 생산한 것만을 샴페인이라 부른다.

포티파이드 와인

와인 제조 과정에서 증류주를 더하여 단맛이나 보존성을 높인 것. 주정 강화(fortified) 와인도 있다.

플레이버드 와인

스틸 와인을 베이스로 하여 향초류나 과일, 벌꿀 등의 향미를 더한 것. 베르무트, 듀보네 등이 있다.

기타 베이스 탐구 2

맥주

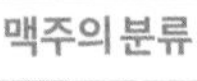

세계적으로 사랑받는 '액체 빵'

보리 맥아와 물, 호프를 주원료로 하는 맥주는 와인 다음으로 역사가 길며, 세계에서 가장 많이 생산되고 소비되는 술입니다. 영양가가 높아 기독교인들은 '액체 빵'이라 불렀습니다. 맥주는 발효 방법에 따라 크게 상면 발효(에일), 하면 발효(라거), 자연 발효로 나뉘며, 스타일에 따라 더욱 세분할 수 있습니다. 칵테일에 사용하는 경우는 스타일에 따른 개성을 즐길 수 있습니다.

맥주의 분류

상면 발효	옅은색	영국의 페일에일, 독일의 퀼슈, 바이젠 등. 향미 성분을 남기기 때문에 향이 풍부.
	중간색	미국의 IPA, 독일의 알트 등. 동갈색을 띠며 호프의 쓴맛이 강한 것이 특징이다.
	짙은색	아일랜드의 기네스가 스타우트의 대표적인 맥주이며, 맥아의 향미와 쓴맛이 특징.
하면 발효	옅은색	체코의 필젠에서 태어난 필스너 스타일. 일본 맥주의 다수가 이 타입이다.
	중간색	붉은색이 감도는 향기로운 맥주. 비엔나 라거, 메르첸 등이 여기에 속한다.
	짙은색	둥켈 및 슈바르츠, 라우흐, 보크 등. 개성이 강하고 풍미의 차이가 두드러진다.
자연 발효		벨기에의 람빅 등. 색은 황색, 적색 등으로 다양하고, 독특한 산미가 특징이다.

기타 베이스 탐구 3

일본주

잘 알려지지 않은 신선한 칵테일을 만든다

일본인의 주식인 쌀로 만든 일본주. 『고사기』 『일본서기』 등 옛 역사책에도 술 만들기에 대한 기록이 남아 있습니다. 헤이안 시대(8~12세기)에는 현재와 비슷한 방식으로 술을 빚었을 것으로 추정되며, 에도 시대(17~19세기) 각지에서 다양한 일본주가 도쿄로 모여들면서 '청주' 기술이 확립되었습니다. 칵테일에 일본주를 사용하는 경우가 아직은 드문 편입니다. '긴조향(吟釀香)'이라는 일본주 특유의 풍부한 향과, 상쾌한 맛이 신선한 놀라움을 줍니다.

일본주의 분류

	준마이 계열	정미 비율	혼조조 계열
특정 명칭주	준마이 다이긴조	50% 이하	다이긴조
특정 명칭주	준마이 긴조	60% 이하	긴조
특정 명칭주	준마이	규정 없음 / 70% 이하	혼조조
보통주	특정 명칭주 외의 청주. 정미 비율 71% 이상, 규정량 이상의 양조 알코올 및 당류·아미노산 등을 첨가한 것이 보통주에 해당한다.		

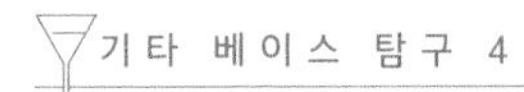

기타 베이스 탐구 4

소주

풍부한 원료로 만드는 일본 전통의 스피릿

고대 이집트에서 생겨난 증류 기술이 동남아시아를 거쳐 류큐 왕국(오키나와), 규슈로 전해지며 탄생한 소주는, 말하자면 일본산 스피릿. 고구마류나 쌀, 보리 등의 곡류를 비롯하여, 참깨, 조, 메밀, 술지게미, 흑설탕 등 다양한 원료로 만듭니다. 원료와 제조법에 따라 풍미의 차이가 분명히 드러나기 때문에 칵테일에 사용하는 종류는 지정되어 있는 경우가 대부분입니다. (한국의 대중적인 소주는 증류식이 아닌 희석식입니다.)

소주의 분류

연속식 증류 소주(갑류)

일반적으로 화이트 리커라 부르는 것으로 거의 무색무취. 소주에 탄산음료 등을 섞어 마시는 추하이 등에 사용한다. 당밀, 곡류를 원료로 하여 연속식 증류로 순수한 알코올을 얻은 뒤, 물을 더해 알코올 36도 미만으로 조정한다.

단식 증류 소주(을류)

단식 증류기로 만드는 알코올 45도 이하의 소주. 본격 소주라고도 한다. 아와모리도 여기에 속한다. 원료가 지닌 맛을 살리는 방식으로 만든다. 당질, 전분질을 함유했다면 무엇이든 원료가 될 수 있다.

칼 럼

세계의 스피릿

세계에는 아직 알려지지 않은 스피릿이 가득합니다. 여기서는 그 일부를 소개합니다

비교적 유명한 것으로는 브라질의 전통적인 럼의 일종인 '카샤사(핑가)'입니다. 또 헬싱키 올림픽 이후 북유럽산의 감자로 만든 술 '아쿠아비트'도 많이 알려졌습니다. 독일의 '코른'은 곡물을 뜻하는데, 현지에서는 맥주와 번갈아 마시며 몸을 덥히는 습관이 있습니다. '아락'은 동남아시아 · 중근동에서 만드는 증류주입니다.

기타 주요 스피릿

카샤사

사탕수수즙을 그대로 발효시켜 단식 증류하면 스피릿이 되기 때문에, 원료가 지닌 향미가 풍부하게 느껴진다.

아쿠아비트

감자를 원료로 연속식 증류기에서 증류한 스피릿. 캐러웨이 등의 향초류로 향미를 더한다.

코른

보리 등의 곡류를 원료로 하여 향을 더하지 않은 증류주. '코른브란트바인(곡물 브랜디)'이 줄어 지금의 이름으로 되었다.

아락

동남아시아와 중근동에서 생산. 야자열매 및 당밀, 찹쌀, 카사바(타피오카의 나무) 등이 원료.

레시피 예시

카샤사로 만드는 여름에 제격인 한잔

Caipirinha

카이피리냐

30도	미디엄
빌드	올데이
올드 패션드 글라스	

재료

재료	분량
■ 카샤사	45㎖
■ 파우더슈거	1~2tsp.
■ 라임	1/2~1개

만드는 법 잔에 커트 라임, 파우더슈거를 넣고 잘 으깬다. 얼음을 넣고 카샤사를 따른 뒤 젓는다.

카이피리냐는 포르투갈어로 '시골 처녀'라는 뜻. 풍미가 풍부한 카샤사에 신선한 라임과 당류를 첨가하여 마시게 좋게 완성한다.

제 3 부

칵테일 레시피

다양한 칵테일을 베이스에 따라 나누어 소개합니다.
레시피와 유래, 맛 등을 알아봅니다.

Gin Cocktail

진 베이스

칵테일의 베이스로 가장 많이 사용되는 진은,
곡물을 증류하여 주니퍼베리 등의 향신료로
향을 더한 무색투명한 스피릿입니다.
알코올 도수 40도 이상의 제품을 드라이진이라 부릅니다.

[차 례]

대표 산뜻한 맛의 기본 칵테일

Gin & Tonic
진 토닉

재료

■ 드라이진	45㎖
■ 토닉워터	적당량

만드는 법 얼음을 넣은 텀블러에 드라이진을 따르고, 차가운 토닉워터를 가득 채워 가볍게 젓는다. 커트 라임을 짜 넣어도 좋다.

영국에서 시작되어 세계로 퍼진 칵테일. 토닉워터가 진을 감아 돌며 물리지 않는 맛으로 만든다. 라임을 짜 넣으면 세련된 상쾌함을 만끽할 수 있다. 기호에 따라 슬라이스 레몬을 넣어도 좋다.

16도 | 미디엄드라이 | 빌드
올데이 | 텀블러

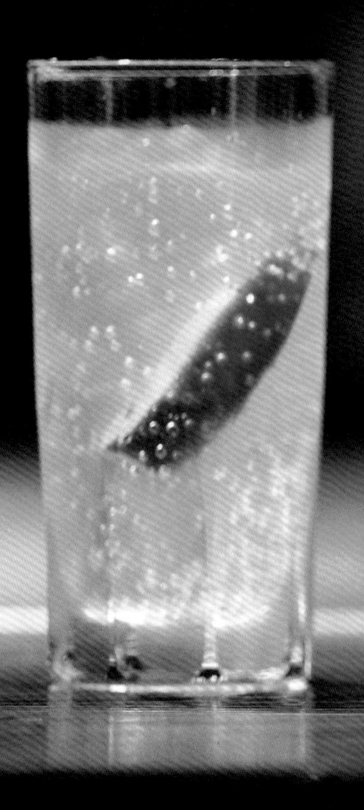

대표 소설 속 명대사로 단숨에 유명해진

Gimlet
김렛

재료

■ 드라이진	60㎖
■ 라임 주스	20㎖

만드는 법 ▶ 셰이커에 모든 재료와 얼음을 넣는다. 셰이크하여 칵테일 글라스에 따른다.

19세기 말 무렵 영국의 해군 의사였던 김렛 경이 장교들의 건강을 위해 진과 라임 주스를 섞어 마시게 한 데에서 처음으로 생겨났다고 한다. 레이먼드 챈들러의 소설 <기나긴 이별>에 등장하는 명대사, "김렛을 마시기에는 너무 이르다" 덕분에 많은 팬이 생겼다.

33도	드라이	셰이크
올데이	칵테일 글라스	

대표 압도적 지지를 받는 걸작 칵테일

Martini
마티니

재료

■ 드라이진	60㎖
■ 드라이 베르무트	20㎖

만드는 법 ▶ 얼음을 넣은 믹싱 글라스에 모든 재료를 넣어 스터하고, 칵테일 글라스에 따른다. 칵테일 핀을 꽂은 스터프드 올리브를 넣어도 좋다.

'킹 오브 칵테일'. 재료 배분이나 사용 제품 등에 따라 만드는 솜씨를 가늠할 수 있다. 마티니 레시피는 시대에 따라 변해왔는데, 최근의 추세는 드라이 베르무트를 사용하는 것이 기본이다. 마티니라는 이름은 베르무트를 만드는 이탈리아의 회사 마티니에서 온 것.

42도	드라이	스터
식전	칵테일 글라스	

42도	미디엄	스터
식전	칵테일 글라스	

강한 맛의 마티니에 눈부시게 빛나는 화이트 펄

Gibson
깁슨

재료

■ 드라이진	65㎖
■ 드라이 베르무트	15㎖

만드는 법 믹싱 글라스에 모든 재료와 얼음을 넣어 스터한 뒤 칵테일 글라스에 따른다. 칵테일 핀에 펄 어니언(알이 작은 양파)을 꽂아 담그면 좋다.

레시피는 마티니(p.67)와 거의 같지만, 진을 더 넣어 약간 드라이한 맛으로 마무리한다. 19세기 말의 인기 일러스트레이터 찰스 다나 깁슨의 아이디어로 펄 어니언을 넣었다고 한다.

29도	미디엄	빌드
식전	올드 패션드 글라스	

미식가들이 사랑하는 향기로운 칵테일

Negroni
네그로니

재료

■ 드라이진	30㎖
■ 캄파리	30㎖
■ 스위트 베르무트	30㎖

만드는 법 얼음을 넣은 올드 패션드 글라스에 모든 재료를 넣고 젓는다.

쌉쌀한 캄파리, 향기로운 베르무트, 야무진 진이 삼위일체가 되어 풍부한 어른의 맛을 낸다. 피렌체 레스토랑의 단골이자 미식가였던 카밀로 네그로니 백작이 식전주로 즐겨 마셨다고 한다.

올리브 향을 잘 살린 깊은 맛

Dirty Martini
더티 마티니

재료

■ 드라이진	80㎖
■ 올리브 절인 물	1tsp.
■ 스터프드 올리브	2개

만드는 법 셰이커에 드라이진, 올리브 절인 물과 얼음을 넣어 셰이크해서 칵테일 글라스에 따른다. 칵테일 핀에 스터프드 올리브를 꽂아 담근다.

올리브 절인 물을 사용함으로써 색이 탁해지기 때문에 '더티'라는 이름이 붙었다. 올리브 절인 물이 맛을 정돈하는 역할을 하여, 향이 있는 깊은 맛으로 변한다.

43도 | 드라이 | 셰이크
식전 | 칵테일 글라스

뉴욕에서 태어난 홍차 풍미의 한잔

Long Island Iced Tea
롱 아일랜드 아이스티

재료

■ 드라이진	15㎖
■ 보드카	15㎖
■ 럼(화이트)	15㎖
■ 테킬라	15㎖
■ 오렌지 리큐어(화이트)	2tsp.
■ 레몬 주스	30㎖
■ 설탕 시럽	1tsp.
■ 콜라	40㎖

만드는 법 얼음을 넣은 콜린스 글라스에 모든 재료를 넣어 젓는다.

홍차를 한 방울도 사용하지 않고, 여덟 가지 재료를 섞어 아이스티의 맛과 색을 연출한다.

19도 | 미디엄 | 빌드
올데이 | 콜린스 글라스

20도 | 미디엄스위트 | 셰이크
올데이 | 칵테일 글라스

백만 달러의 꿈으로 유혹하는

Million Dollar
밀리언 달러

재료

■ 드라이진	45 mℓ
■ 스위트 베르무트	15 mℓ
■ 파인애플 주스	15 mℓ
■ 그레나딘 시럽	1tsp.
■ 계란 흰자	1개분

만드는법 셰이커에 모든 재료를 넣어 충분히 셰이크한 뒤 칵테일 글라스에 따른다. 기호에 따라 파인애플 등 과일로 장식한다.

20세기 초반, 도쿄 긴자의 카페 라이온에서 만들어 인기를 끌었다. 당시는 올드 톰 진으로 만들었다. 입에 닿을 때 부드럽고 섬세한 맛이 느껴진다.

30도 | 미디엄 | 셰이크
올데이 | 칵테일 글라스

로맨틱한 시간을 연출하는 달빛

Blue Moon
블루 문

재료

■ 드라이진	35 mℓ
■ 바이올렛 리큐어	20 mℓ
■ 레몬 주스	20 mℓ

만드는법 셰이커에 모든 재료와 얼음을 넣고 셰이크한다. 칵테일 글라스에 따른다.

바이올렛 리큐어의 아름다운 보랏빛과 사랑스런 향기가 특징. 밤안개 속에서 빛나는 달빛의 이미지로, 로맨틱한 시간을 화려하게 채색해준다. 입에 감도는 상쾌한 맛 때문에 팬이 많다.

구름 사이로 슬쩍 비치는 민트가 천국 같은

Seventh Heaven
세븐스 헤븐

재료

■ 드라이진	60 ㎖
■ 마라스키노 리큐어	20 ㎖
■ 자몽 주스	1tsp.
■ 민트 체리	1개

만드는 법 셰이커에 민트 체리를 제외한 모든 재료와 얼음을 넣고 셰이크한다. 칵테일 글라스에 따른 뒤 민트 체리를 넣는다.

마라스키노가 은은하게 향을 내는 한잔. 안개 낀 듯한 액체 속에 가라앉은 민트 체리는, 이슬람교 최고의 천사가 살고 있는 '일곱 번째 천국'을 떠올리게 한다.

40도 | 드라이 | 셰이크
올데이 | 칵테일 글라스

트로피컬 칵테일의 걸작

Singapore Sling
싱가포르 슬링

재료

■ 드라이진	45 ㎖
■ 체리 브랜디	25 ㎖
■ 레몬 주스	20 ㎖
■ 소다수	적당량

만드는 법 셰이커에 소다수를 제외한 모든 재료와 얼음을 넣고 셰이크하여 콜린스 글라스에 따른다. 얼음을 넣고 차가운 소다수로 채운 다음, 가볍게 젓는다. 슬라이스 레몬을 넣기도 한다.

트로피컬 칵테일의 걸작이라 불린다. 호텔에서 바라보는 믈라카 해협의 석양을 본떠 만든 이국적인 칵테일.

15도 | 미디엄드라이 | 셰이크
올데이 | 콜린스 글라스

38도 | 미디엄스위트 | 셰이크
올데이 | 칵테일 글라스

일본에서 탄생한 매력적인 칵테일

Aoi Sangosho

아오이 산고쇼

재료

재료	분량
■ 드라이진	55㎖
■ 페퍼민트 리큐어(그린)	25㎖
■ 레몬 주스	적당량
■ 마라스키노 체리	1개

만드는 법 셰이커에 드라이진, 민트 리큐어, 얼음을 넣고 셰이크한다. 칵테일 글라스의 가장자리에 레몬을 바른 뒤 따른다. 마라스키노 체리를 넣는다.

태평양 전쟁이 끝나고 얼마 지나지 않았던 시절, 칵테일 콩쿠르에서 우수 작품으로 뽑혔다. 이름의 뜻은 '푸른 산호초'. 진과 페퍼민트를 섞은 점이 당시에는 참신하게 받아들여졌다.

45도 | 미디엄스위트 | 셰이크
식전 | 칵테일 글라스

향초의 풍미와 산뜻한 뒷맛

Alaska

알래스카

재료

재료	분량
■ 드라이진	60㎖
■ 샤르트뢰즈(옐로)	20㎖

만드는 법 셰이커에 모든 재료와 얼음을 넣고 셰이크한 뒤, 칵테일 글라스에 따른다.

칵테일 중에서도 알코올 도수가 높기로 손꼽힌다. 진과 샤르트뢰즈는 심플하면서도 놀라운 조화를 이룬다. 샤르트뢰즈 '존느(옐로)' 대신 '베르(그린)'를 넣으면 그린 알래스카가 된다.

고상함을 자아내는 비취색 칵테일

Alexander's Sister

알렉산더스 시스터

재료

■ 드라이진	40 ㎖
■ 민트 리큐어(그린)	20 ㎖
■ 생크림	20 ㎖

만드는 법 셰이커에 모든 재료와 얼음을 넣고 충분히 셰이크하여 칵테일 글라스에 따른다.

브랜디 베이스의 알렉산더(p.144)의 자매품. 민트가 주는 상쾌한 맛과 생크림의 매끄러운 맛이 조화를 잘 이룬다. 민트가 소화 작용을 도와주기 때문에 식후주로 추천.

32도 | 스위트 | 셰이크
식후 | 칵테일 글라스

마시는 순간 남국이 펼쳐진다

Around the World

어라운드 더 월드

재료

■ 드라이진	50 ㎖
■ 페퍼민트 리큐어(그린)	15 ㎖
■ 파인애플 주스	15 ㎖

만드는 법 셰이커에 얼음과 모든 재료를 넣어 셰이크한다. 칵테일 글라스에 따른다. 기호에 따라 민트 체리로 장식한다.

세계일주 항공 노선의 운항 개시 기념으로 열린 창작 칵테일 콩쿠르에서 우수 작품으로 뽑혔다. 지구를 연상시키는 녹색, 민트가 주는 상쾌함, 파인애플의 새콤달콤함이 휴가 기분에 젖게 해준다.

35도 | 미디엄스위트 | 셰이크
올데이 | 칵테일 글라스

42도 | 드라이 | 셰이크
올데이 | 칵테일 글라스

격렬한 지진처럼 강렬한 알코올 도수

Earthquake
어스퀘이크

재료

- 드라이진 25㎖
- 위스키 25㎖
- 페르노 25㎖

만드는 법 셰이커에 모든 재료와 얼음을 넣고 셰이크한다. 칵테일 글라스에 따른다.

마시면 지진(earthquake)을 만나듯 몸이 요동친다는 데서 이름이 붙은, 알코올 도수가 높은 칵테일. 드라이진과 위스키, 향미가 강한 페르노가 융합되어 자극적이면서도 상쾌한 풍미가 느껴진다.

40도 | 미디엄 | 셰이크
올데이 | 칵테일 글라스

천사가 미소짓는 향기로움

Angel Face
엔젤 페이스

재료

- 드라이진 25㎖
- 애플 브랜디 25㎖
- 아프리콧 브랜디 25㎖

만드는 법 셰이커에 모든 재료와 얼음을 넣고 셰이크한다. 칵테일 글라스에 따른다.

강한 맛의 진에 사과와 살구로 만든 브랜디가 내는 고급스런 향과 구미, 나아가 부드러운 풍미가 느껴지는 마시기 쉬운 칵테일. 알코올의 펀치가 강하므로 지나치게 많이 마시지 않도록.

신부의 행복함을 나눈다

Orange Blossom
오렌지 블로섬

31도 | 미디엄 | 셰이크 | 올데이 | 칵테일 글라스

재료

■ 드라이진	50㎖
■ 오렌지 주스	30㎖

만드는 법 셰이커에 모든 재료와 얼음을 넣고 셰이크한 뒤 칵테일 글라스에 따른다.

오렌지는 꽃과 열매가 동시에 열려서 사랑과 풍요를 상징한다. 미국에서는 웨딩드레스에 오렌지 꽃을 장식하는 전통이 있으며, 피로연 아페리티프(식전주)로 오렌지 블로섬을 마시기도 한다. 신부의 기쁨을 온몸으로 느끼게 해주는 행복 넘치는 한잔.

진과 오렌지의 조합으로 목넘김이 산뜻

Orange Fizz
오렌지 피즈

16도 | 미디엄 | 셰이크 | 올데이 | 텀블러

재료

■ 드라이진	45㎖
■ 오렌지 주스	30㎖
■ 레몬 주스	15㎖
■ 설탕	1tsp.
■ 소다수	적당량

만드는 법 셰이커에 소다수를 제외한 모든 재료를 넣고 셰이크한다. 얼음을 넣은 텀블러에 따른다. 소다수를 채운 뒤 가볍게 젓는다.

진과 감귤 계열의 조화는 최고라 할 만하다. 거기에 소다수의 상쾌한 목넘김이 더해져 산뜻한 맛을 완성한다. 미리 차갑게 해둔 잔에 따라 마시면 훨씬 맛있다.

39도 | 드라이 | 스터
식전 | 칵테일 글라스

탠커레이 진의 상쾌함

JFK
제이에프케이

재료

- 탠커레이 진 45㎖
- 그랑 마르니에 15㎖
- 드라이 셰리 15㎖
- 오렌지 비터스 2dash

만드는 법 믹싱 글라스에 모든 재료와 얼음을 넣고 스터한 뒤 칵테일 글라스에 따른다. 기호에 따라 칵테일 핀에 스터프드 올리브를 꽂아 담그고, 오렌지 필을 짜 넣는다.

탠커레이 진을 즐겨 마셨다는 미국의 제35대 대통령, 존 에프 케네디에 대한 오마주로 만든 칵테일이다.

16도 | 미디엄스위트 | 셰이크
올데이 | 샴페인 글라스(소서형)

우아하고 사랑스러운 핑크빛

Gin Daisy
진 데이지

재료

- 드라이진 45㎖
- 레몬 주스 20㎖
- 그레나딘 시럽 2tsp.

만드는 법 셰이커에 모든 재료와 얼음을 넣고 셰이크한 뒤, 크러시드 아이스를 채워 넣은 샴페인 글라스에 따른다. 기호에 따라 슬라이스 레몬이나 민트잎을 넣기도.

드라이한 맛의 진에 레몬 주스와 그레나딘 시럽을 섞어 마시기 쉽게 만든 한 잔. 데이지 꽃을 떠올리게 하는 투명한 핑크빛이 매력 포인트.

좋아하는 맛을 탐색하며 즐긴다

Gin Rickey
진 리키

재료

■ 드라이진	45㎖
■ 소다수	적당량
■ 커트 라임	1개

만드는 법 텀블러에 커트 라임을 짜 넣고 얼음을 더해 진을 따른다. 차가운 소다수로 채운 다음 가볍게 젓는다.

'리키'는 스피릿에 라임이나 레몬, 소다수를 더한 스타일. 머들러로 과육을 으깨 맛을 낸다. 19세기 말 미국 워싱턴 디시의 레스토랑에서 여름용 음료로 고안. 최초로 마신 손님의 이름을 따다 붙였다.

16도 | 드라이 | 빌드
올데이 | 텀블러

상쾌한 목넘김으로 사랑받는

Gin Buck
진 벅

재료

■ 드라이진	45㎖
■ 레몬 주스	20㎖
■ 진저에일	적당량

만드는 법 얼음을 넣은 콜린스 글라스에 드라이진, 레몬 주스를 따른 다음, 차가운 진저에일을 넣어 가볍게 젓는다. 기호에 따라 커트 라임을 넣기도.

스피릿에 레몬 주스와 진저에일을 더한 스타일을 '벅(buck)'이라고 한다. 벅은 수사슴을 가리키는데, 킥(kick)이 있는 음료라는 데서 이름 붙었다는 설이 있다.

16도 | 미디엄 | 빌드
올데이 | 콜린스 글라스

명성 높은 칵테일의 왕도

Gin & It

진 앤 잇

31도	미디엄드라이	빌드
식전	칵테일 글라스	

재료

■ 드라이진	40㎖
■ 스위트 베르무트	40㎖

만드는 법 ▶ 칵테일 글라스에 드라이진, 스위트 베르무트 순으로 따른다.

심플한 레시피와 조합으로, 마티니의 원형이라고 일컬어진다. 제빙기가 없던 시절에 만들어졌기 때문에 상온의 진과 베르무트로 만드는 것이 원래의 스타일이다. 플레이버드 와인으로 만든 스위트 베르무트가 들어가 부드러운 단맛이 감돈다. '진 이탈리안'이라 부르기도 한다.

달콤 상쾌한 목넘김

Gin Fizz

진 피즈

16도	미디엄드라이	셰이크
올데이	텀블러	

재료

■ 드라이진	45㎖
■ 레몬 주스	20㎖
■ 설탕	2tsp.
■ 소다수	적당량

만드는 법 ▶ 셰이커에 소다수를 제외한 모든 재료와 얼음을 넣고 셰이크한다. 얼음을 넣은 텀블러에 따르고 차가운 소다수로 채운다.

피즈 스타일을 대표하는 칵테일. '피즈'라는 이름은 탄산이 빠져나가는 소리에서 유래했다. 1888년 미국 뉴올리언스에 있는 살롱의 주인이 레몬 스쿼시에 진을 넣었던 것이 시작이었다고 한다.

프루티하면서 깔끔한 맛

Casino

카지노

재료

■ 드라이진	80㎖
■ 마라스키노 리큐어	2dash
■ 오렌지 비터스	2dash
■ 레몬 주스	2dash

만드는 법 믹싱 글라스에 모든 재료와 얼음을 넣고 스터한 뒤 칵테일 글라스에 따른다. 기호에 따라 칵테일 핀을 꽂은 마라스키노 체리를 곁들인다.

향기로운 마라스키노 리큐어는 체리로 만든다. 여기에 레몬 주스와 오렌지 비터스가 더해져 프루티한 풍미가 가득. 진이 많이 들어가서 알코올 도수가 높다.

37도 | 미디엄드라이 | 스터
올데이 | 칵테일 글라스

파리 상점가를 떠올리게 만드는 고급스러움

Café de Paris

카페 드 파리

재료

■ 드라이진	60㎖
■ 아니스 리큐어	1tsp.
■ 생크림	1tsp.
■ 계란 흰자	1개분

만드는 법 셰이커에 모든 재료와 얼음을 넣어 충분히 셰이크한다. 칵테일 글라스에 따른다.

생크림과 계란 흰자를 셰이크하여 만드는 거품은 한없이 섬세하다. 혀에 닿는 느낌이 좋고, 크리미함과 아니스 리큐어가 주는 달콤한 풍미가 마시는 즐거움을 최고조로 끌어올린다. 달콤함은 약간 느껴질 정도.

25도 | 미디엄 | 셰이크
올데이 | 칵테일 글라스

36도 | 미디엄 | 스터
식전 | 칵테일 글라스

쌉쌀한 맛에 길들다

Campari Cocktail
캄파리 칵테일

재료

■ 드라이진	40㎖
■ 캄파리	40㎖

만드는 법 믹싱 글라스에 모든 재료와 얼음을 넣고 스터한다. 스트레이너를 씌우고 칵테일 글라스에 따른다.

이탈리아의 아페리티프 중에서도 가장 잘 알려진 리큐어가 캄파리. 60종류나 되는 허브와 스파이스로 만들며, 선명한 붉은색과 독특한 쓴맛, 은은한 단맛이 특징이다. 드라이한 맛의 드라이진과 섞여 성인 취향의 맛을 낸다.

22도 | 미디엄 | 셰이크
올데이 | 칵테일 글라스

과즙이 듬뿍 든 프루티한 한잔

Cosmopolitan Martini
코즈모폴리턴 마티니

재료

■ 드라이진	25㎖
■ 그랑 마르니에	15㎖
■ 크랜베리 주스	25㎖
■ 라임 주스	15㎖

만드는 법 셰이커에 모든 재료와 얼음을 넣고 셰이크한다. 칵테일 글라스에 따른다.

크랜베리, 라임, 오렌지(그랑 마르니에)의 과즙이 주는 달콤함, 그리고 진의 상쾌하면서 드라이한 맛이 더해져 부드러운 맛으로 탄생. '코즈모폴리턴(세계인)'이라는 이름처럼 모든 사람들로부터 사랑받는 칵테일.

칵테일의 왕 중에서도 가장 강한 맛

Classic Dry Martini
클래식 드라이 마티니

40도 | 드라이 | 스터
식전 | 칵테일 글라스

재료

■ 드라이진	55㎖
■ 드라이 베르무트	25㎖
■ 오렌지 비터스	1dash

만드는 법 믹싱 글라스에 모든 재료와 얼음을 넣고 스터한다. 스트레이너를 씌우고 칵테일 글라스에 따른다.

'칵테일의 왕'인 마티니는 300종류가 넘는다. 애초에는 스위트한 것이 보통이었는데, 20세기 들어 드라이한 맛의 마티니가 사랑받게 되었다. 들어가는 진의 비율이 높고, 마티니 중에서도 가장 강한 맛을 낸다.

밤을 무르익게 하는 달콤한 향기

Kiss in the Dark
키스 인 더 다크

30도 | 미디엄 | 스터
올데이 | 칵테일 글라스

재료

■ 드라이진	25㎖
■ 체리 브랜디	25㎖
■ 드라이 베르무트	25㎖

만드는 법 믹싱 글라스에 모든 재료와 얼음을 넣고 스터한다. 스트레이너를 씌우고 칵테일 글라스에 따른다.

마티니(p.67)를 만드는 조합에 체리 브랜디를 더하여 달콤한 향이 풍기는 칵테일이 탄생. 이름에 어울리게 로맨틱한 밤을 지내고 싶을 때 꼭 어울리는 한잔.

11도	미디엄	빌드
올데이	콜린스 글라스	

런던 태생의 인기 칵테일

Tom Collins

톰 콜린스

재료

■ 드라이진	60㎖
■ 레몬 주스	20㎖
■ 설탕 시럽	2tsp.
■ 소다수	적당량

만드는 법 얼음을 넣은 콜린스 글라스에 소다수를 제외한 모든 재료를 넣고 젓는다. 차가운 소다수로 채우고 가볍게 젓는다. 기호에 따라 커트 라임을 짜 넣는다.

19세기 중반 런던의 바텐더 존 콜린스가 창작. 베이스 스피릿을 인기 높은 올드 톰 진으로 바꾸어 이름을 '톰 콜린스'라 지었다. 현재는 드라이진으로 만든다.

30도	미디엄스위트	셰이크
올데이	칵테일 글라스	

낙원의 바람이 살랑이는 프루티 칵테일

Paradise

파라다이스

재료

■ 드라이진	40㎖
■ 아프리콧 브랜디	20㎖
■ 오렌지 주스	20㎖

만드는 법 셰이커에 모든 재료와 얼음을 넣어 셰이크한다. 칵테일 글라스에 따른다.

새콤달콤하고 프루티한 풍미를 진으로 산뜻하게 마무리. 파라다이스를 연상시키며 가슴 뛰게 만드는 칵테일이다. 강한 맛을 좋아한다면 진을 더 넣고 아프리콧 브랜디 양을 줄이면 된다.

여배우를 위한 빛나는 핑크색

Pink Lady
핑크 레이디

재료

재료	분량
드라이진	55㎖
그레나딘 시럽	15㎖
레몬 주스	1tsp.
계란 흰자	1개분

만드는 법 셰이커에 모든 재료와 얼음을 넣고 충분히 셰이크한다. 칵테일 글라스에 따른다.

1912년 런던에서 뮤지컬 〈핑크 레이디〉가 크게 히트했는데, 그 여주인공에게 바친 칵테일. 흰 거품은 날개 같은 긴 숄을, 밝은 핑크색은 드레스를 연상시켜 영광스런 무대 위의 여배우를 상징한다.

24도 | 미디엄스위트 | 셰이크
올데이 | 칵테일 글라스

우아한 귀부인의 자태

White Lady
화이트 레이디

재료

재료	분량
드라이진	40㎖
오렌지 리큐어(화이트)	20㎖
레몬 주스	20㎖

만드는 법 셰이커에 모든 재료와 얼음을 넣고 셰이크한다. 칵테일 글라스에 따른다.

'백색의 귀부인'이라는 이름에 걸맞게, 아련하게 비치는 유백색이 고귀한 분위기를 자아낸다. 진과 오렌지 리큐어, 레몬 주스가 조화를 이루어 청량감을 준다. 베이스를 브랜디, 보드카, 럼으로 바꿀 수도 있다.

34도 | 미디엄드라이 | 셰이크
올데이 | 칵테일 글라스

보드카 베이스

러시아가 원산지로 알려진 보드카는
곡류와 맥아를 원료로 하는 증류주.
치우침이 없는 중성적인 칵테일 베이스로서
이상적인 레귤러 타입 외에도 허브나 과일의 향을 더한
플레이버드 타입도 있습니다.

[차 례]

대표 킥이 있는 산뜻한 자극

Moscow Mule

모스크바 뮬

재료

■ 보드카	45㎖
■ 라임 주스	15㎖
■ 진저비어	적당량

만드는 법 얼음을 넣은 머그컵에 모든 재료를 넣어 가볍게 젓는다. 기호에 따라 커트 라임을 장식한다.

빌드 타입 칵테일의 대표격. 라임의 산뜻한 향과 진저비어의 야무진 목넘김이 특징. 모스크바 뮬은 보드카의 강렬함과, 노새의 뒷발 킥을 내세우는데 '모스크바의 노새'라는 의미를 지니고 있다.

11도	미디엄	빌드
올데이	머그컵	

대표 스노 스타일을 대표하는 칵테일

Salty Dog
솔티 독

재료

■ 보드카	30~45㎖
■ 자몽 주스	적당량
■ 소금	적당량

만드는 법 소금을 이용해 올드 패션드 글라스를 스노 스타일로 준비한다. 글라스에 얼음을 넣고 보드카, 자몽 주스를 넣어 젓는다.

솔티 독은 '갑판원'을 뜻하는 영국의 속어. 바닷바람을 맞아가며 작업하는 갑판원을 표현하듯 잔의 테두리에 소금을 입힌다. 소금이 자몽의 신맛을 부드럽게 하고 단맛은 배가한다.

11도 | 미디엄 | 빌드
올데이 | 올드 패션드 글라스

대표 러시아 전통 악기의 음색이 울려퍼지는

Balalaika
발랄라이카

재료

■ 보드카	40㎖
■ 오렌지 리큐어(화이트)	20㎖
■ 레몬 주스	20㎖

만드는 법 셰이커에 모든 재료를 넣고 셰이크한다. 칵테일 글라스에 따른다.

발랄라이카는 러시아의 전통 현악기로, 거꾸로 놓으면 칵테일 글라스와 모양이 비슷하다고 한다. 오렌지 리큐어와 레몬 주스의 조합이 산뜻한 맛을 내며, 청량한 색깔이 어우러져서 발랄라이카의 음색이 들려오는 것 같은 느낌에 빠진다.

30도 | 미디엄드라이 | 셰이크
올데이 | 칵테일 글라스

27도 | 미디엄드라이 | 셰이크
올데이 | 올드 패션드 글라스

날카롭고 드라이한 맛의 칵테일

Kamikase
가미카제

재료

■ 보드카	60㎖
■ 오렌지 리큐어(화이트)	1tsp.
■ 라임 주스	20㎖

만드는 법 셰이커에 모든 재료와 얼음을 넣고 셰이크한다. 얼음을 넣은 올드 패션드 글라스에 따른다.

날카롭고 드라이한 맛의 풍미로부터 옛 일본 해군의 가미카제 특공대를 떠올려 '가미카제'라는 이름이 붙었다고 한다. 실제로는 미국에서 생겨난 칵테일. 공격적인 이름과는 달리 라임 주스의 신맛으로 상쾌함을 맛볼 수 있다.

36도 | 스위트 | 빌드
식후 | 올드 패션드 글라스

아몬드의 은은한 단맛에 기분이 좋아지는

God - mother
갓마더

재료

■ 보드카	45㎖
■ 아마레토	15㎖

만드는 법 얼음을 넣은 올드 패션드 글라스에 모든 재료를 넣고 젓는다.

위스키 베이스의 갓파더(p.134)를 변형하여 만든 칵테일로, 드라이한 맛의 레귤러 보드카를 베이스로 한다. 아몬드 향이 나는 아마레토의 단맛이 부각되어, 갓파더보다 부드러운 맛이다.

한번 마시면 중독되는 상쾌함

Green Spider
그린 스파이더

35도 | 미디엄스위트 | 셰이크 | 식후 | 칵테일 글라스

재료

■ 보드카	55㎖
■ 민트 리큐어(그린)	25㎖

만드는 법 셰이커에 모든 재료와 얼음을 넣고 셰이크한다. 칵테일 글라스에 따른다.

민트 리큐어의 상쾌한 향을 품은 청량감 넘치는 칵테일. 약간 달지만 보드카가 있어서 산뜻한 느낌이다. 민트에는 소화 촉진 효과가 있다고 해서 식후 기분 전환으로 추천하는 한잔.

눈에 떠오르는 것은 에메랄드빛 바다

Green Sea
그린 시

30도 | 미디엄드라이 | 스터 | 올데이 | 칵테일 글라스

재료

■ 보드카	35㎖
■ 드라이 베르무트	20㎖
■ 민트 리큐어(그린)	20㎖

만드는 법 믹싱 글라스에 모든 재료와 얼음을 넣고 스터한다. 스트레이너를 씌워 칵테일 글라스에 따른다.

남국의 바다가 눈앞에 떠오르는 듯 선명한 그린의 칵테일. 드라이 베르무트의 드라이한 맛에 민트의 쿨한 상쾌함이 더해져 입맛이 가볍다. 마시면 곧바로 아름다운 바다의 갯바람에 취해버릴 것처럼 산뜻함이 느껴진다.

27도 | 스위트 | 셰이크
식후 | 칵테일 글라스

아마레토의 향기, 크리미한 입맛

Roadrunner
로드러너

재료

재료	분량
■ 보드카	40㎖
■ 아마레토	20㎖
■ 코코넛 밀크	20㎖

만드는법 셰이커에 모든 재료와 얼음을 넣고 셰이크한다. 칵테일 글라스에 따른다. 기호에 따라 넛맥을 갈아 넣는다.

로드러너는 미국 남서부에 서식하는, 땅 위를 뛰어 달리는 새를 말한다. 야성적인 이름과는 달리 아마레토와 코코넛 밀크의 부드럽고 크리미한 입맛으로 마무리한 디저트 칵테일.

27도 | 미디엄스위트 | 셰이크
올데이 | 칵테일 글라스

달콤함과 쌉쌀함이 절묘하게 녹아드는

Roberta
로베르타

재료

재료	분량
■ 보드카	25㎖
■ 드라이 베르무트	25㎖
■ 체리 브랜디	25㎖
■ 캄파리	1dash
■ 바나나 리큐어	1dash

만드는법 셰이커에 모든 재료와 얼음을 넣고 셰이크한다. 칵테일 글라스에 따른다.

보드카와 드라이 베르무트의 강한 맛, 과일 계열 리큐어의 순한 단맛, 캄파리 특유의 쌉쌀함이 어우러져 마시기 좋다.

감귤류의 산뜻함이 갈증을 풀어준다

Madras
마드라스

10도 | 미디엄스위트 | 빌드
올데이 | 텀블러

재료

■ 보드카	40㎖
■ 오렌지 주스	60㎖
■ 크랜베리 주스	60㎖

만드는 법 얼음을 넣은 텀블러에 모든 재료를 넣고 젓는다.

산뜻한 감귤류의 맛에, 알코올 도수가 낮아 갈증 날 때 마시기 좋은 롱 칵테일. 오렌지 주스와 크랜베리 주스의 단맛과 신맛이 적당한 균형을 이룬다. 크랜베리가 오렌지에 색깔을 더해 선명한 붉은색을 띤다.

아름다운 색채로 표현된 백야의 태양

Midnight Sun
미드나이트 선

13도 | 미디엄스위트 | 셰이크
올데이 | 콜린스 글라스

재료

■ 핀란디아 보드카	40㎖
■ 멜론 리큐어	30㎖
■ 오렌지 주스	20㎖
■ 레몬 주스	20㎖
■ 그레나딘 시럽	1tsp.
■ 소다수	적당량

만드는 법 셰이커에 보드카, 멜론 리큐어, 오렌지 주스, 레몬 주스, 얼음을 넣고 셰이크하여 잔에 따른다. 소다수로 채워 가볍게 젓는다. 그레나딘 시럽을 잔 아래로 가라앉힌다.

백야에 보이는 한밤중의 태양을 형상화한 칵테일. 아름다운 그러데이션이 지평선을 물들이는 태양빛을 표현한다.

26도 | 스위트 | 셰이크
식후 | 칵테일 글라스

식후에 적격인 달콤한 칵테일

Barbara
바바라

재료

■ 보드카	40㎖
■ 카카오 리큐어(화이트)	20㎖
■ 생크림	20㎖

만드는 법 셰이커에 모든 재료와 얼음을 넣고 충분히 셰이크한다. 칵테일 글라스에 따른다.

카카오 리큐어를 충분히 셰이크하면 부드럽고 달콤한 맛이 감돌아 혀가 즐거워진다. 생크림을 더해 디저트 기분이 난다. 베이스를 브랜디로 하면 알렉산더(p.144)가 된다.

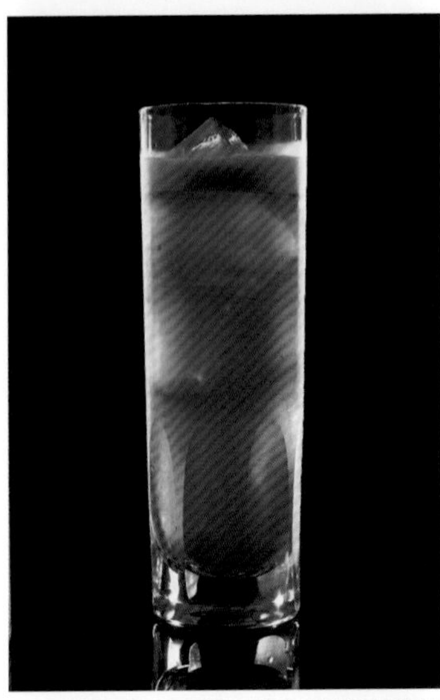

10도 | 미디엄스위트 | 빌드
올데이 | 콜린스 글라스

바닷바람처럼 기분 좋은 한잔

Bay Breeze
베이 브리즈

재료

■ 보드카	40㎖
■ 파인애플 주스	60㎖
■ 크랜베리 주스	60㎖

만드는 법 얼음을 넣은 콜린스 글라스에 모든 재료를 넣고 젓는다.

파인애플 주스의 풍부한 과일 맛이 보드카의 강한 맛을 부드럽게 감싼다. 바다 너머로 기우는 태양을 닮은 크랜베리 주스의 붉은색을 마주하면, 바닷바람을 맞으며 석양을 바라보는 자신의 모습이 떠오른다. 미국에서 절대적인 인기를 자랑하는 칵테일.

라임과 소다수의 상쾌함을 즐긴다

Vodka Rickey

보드카 리키

13도 | 드라이 | 빌드 | 올데이 | 텀블러

재료

- 보드카 40 ㎖
- 커트 라임 1개
- 소다수 적당량

만드는 법 텀블러에 라임을 짠 뒤 그대로 잔에 넣는다. 얼음과 보드카를 넣은 다음 소다수로 채운다.

라임을 짜서 잔에 넣고 머들러로 저어주면서 기호에 따라 신맛을 조절하는 자유도가 높은 칵테일. 라임의 산뜻한 향과 탄산의 또렷한 맛이 상쾌함을 자아내 갈증을 순식간에 씻어준다.

제임스 본드도 사랑한 맛

Vodka Martini

보드카 마티니

36도 | 드라이 | 스터 | 식전 | 칵테일 글라스

재료

- 보드카 65 ㎖
- 드라이 베르무트 15 ㎖

만드는 법 믹싱 글라스에 모든 재료와 얼음을 넣고 스터한다. 스트레이너를 씌워 칵테일 글라스에 따른다. 기호에 따라 칵테일 핀에 스터프드 올리브를 꽂아 넣는다.

마티니(p.67) 레시피에서 진을 보드카로 바꾼 것. 진보다 베르무트의 강한 맛이 곧바로 느껴진다. 영화 〈007 시리즈〉의 본드가 즐겨 마시는 칵테일로 "스터 말고 셰이크로(Shaken, not stirred)"라는 대사가 유명하다.

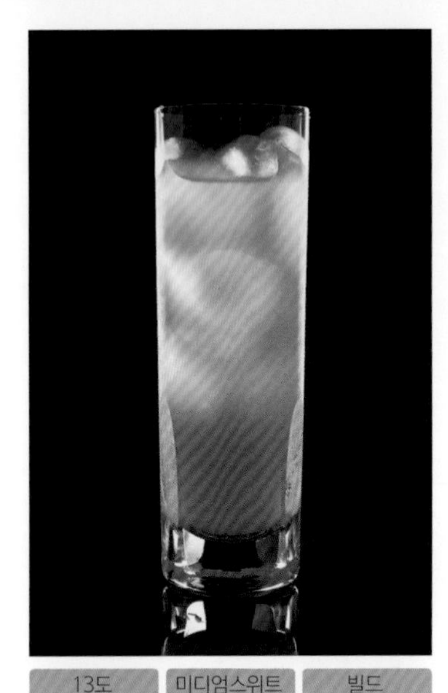

13도 | 미디엄스위트 | 빌드
올데이 | 콜린스 글라스

칵테일 초심자에게 권하는 심플한 한잔

Vodka Apple Juice
보드카 애플 주스

재료

■ 보드카	30~45㎖
■ 애플 주스	적당량

만드는 법 얼음을 넣은 콜린스 글라스에 모든 재료를 넣고 젓는다.

별명이 빅 애플이다. 보드카와 애플 주스만으로 만든 이 심플한 칵테일은 칵테일을 즐기기 시작한 초심자에게 추천. 사과의 부드러운 단맛과 보드카의 어울림이 뛰어나다. 사과를 오렌지로 바꾸면 스크루드라이버가 된다.

13도 | 미디엄 | 셰이크
식전 | 올드 패션드 글라스

부용을 사용한 색다른 칵테일

Bull Shot
불샷

재료

■ 보드카	45㎖
■ 비프 부용	적당량

만드는 법 셰이커에 보드카와 미리 차갑게 해둔 비프 부용, 얼음을 넣고 셰이크한다. 얼음을 넣은 올드 패션드 글라스에 따른다. 기호에 따라 셀러리 줄기로 장식한다.

비프 부용(고기나 뼈를 삶아 우려낸 국물)을 사용한 이 칵테일은 스프 대신의 식전주로 마신다. 1953년 미국 디트로이트에서 레스토랑을 경영하던 그루버 형제가 고안했다고 한다.

보드카와 자몽을 만끽

Bulldog

불독

11도 | 미디엄 | 빌드
올데이 | 올드 패션드 글라스

재료

■ 보드카	30~45㎖
■ 자몽 주스	적당량

만드는 법 얼음을 넣은 올드 패션드 글라스에 보드카를 넣는다. 자몽 주스로 채운 다음 젓는다.

보드카와 자몽의 심플한 조합으로, 두 가지 맛이 그대로 전해지는 한잔. 스노 스타일(소금)로 하면 솔티 독(p.87)이 된다. 소금을 넣고 섞으면 테일리스 독(꼬리없는 개). 그레이하운드(꼬리를 다리 사이에 넣고 달리는 개) 등의 별칭으로도 불린다.

보드카를 숨겨주는 커피의 향

Black Russian

블랙 러시안

33도 | 미디엄스위트 | 빌드
올데이 | 올드 패션드 글라스

재료

■ 보드카	40㎖
■ 커피 리큐어	20㎖

만드는 법 얼음을 넣은 올드 패션드 글라스에 모든 재료를 넣고 젓는다.

1950년대에 벨기에의 호텔 메트로폴의 바에서 고안되었다고 전해지는 칵테일. 보드카의 강한 맛을 잊게 만들 정도로 입에서 잘 넘어간다. 커피 리큐어가 빚어낸 구수한 향과 짙은 단맛이 우러나온다.

11도 | 미디엄 | 빌드
올데이 | 텀블러

악녀의 이름이 붙은 진홍색 칵테일

Bloody Mary
블러디 메리

재료

■ 보드카	45㎖
■ 토마토 주스	적당량

만드는 법 얼음을 넣은 텀블러에 보드카, 토마토 주스를 넣고 젓는다. 기호에 따라 셀러리 줄기로 장식한다.

"피투성이 메리"라 불렸던, 악명 높은 잉글랜드의 여왕 메리 1세로부터 이름이 유래했다. 즉, 토마토 주스의 진홍색에 빗댄 것. 셀러리 줄기나 레몬이 더해져 건강에 좋은 칵테일로 인기가 높다.

24도 | 미디엄 | 셰이크
올데이 | 샴페인 글라스(소서형)

남국의 푸른 바다가 눈앞에 펼쳐진다

Blue Lagoon
블루 라군

재료

■ 보드카	30㎖
■ 오렌지 리큐어(블루)	20㎖
■ 레몬 주스	20㎖

만드는 법 셰이커에 모든 재료와 얼음을 넣고 셰이크한다. 크러시드 아이스를 넣은 샴페인 글라스에 따른다. 기호에 따라 마라스키노 체리나 과일로 장식한다.

과일 장식이 화려해서 해변 리조트에 딱 어울린다. 푸른색 리큐어의 투명감과 레몬 주스의 신맛이 눈과 입을 시원하게 만들어주는 칵테일.

월요일의 우울함을 날려버리는 상쾌함

Blue Monday

블루 먼데이

39도 | 미디엄드라이 | 셰이크 | 식전 | 칵테일 글라스

재료

■ 보드카	55㎖
■ 오렌지 리큐어(화이트)	25㎖
■ 오렌지 리큐어(블루)	1tsp.

만드는 법 셰이커에 모든 재료와 얼음을 넣고 셰이크한다. 칵테일 글라스에 따른다.

주말 밤, 내일부터 또 일이구나… 이런 생각이 든다면 이 칵테일로 '우울한 월요일'을 날려버리자. 두 가지 리큐어가 전하는 맑은 푸른색과, 감귤류의 상쾌한 향이 우울한 기분을 잊게 해준다.

영화 〈칵테일〉의 섹시한 한잔

Sex on the Beach

섹스 온 더 비치

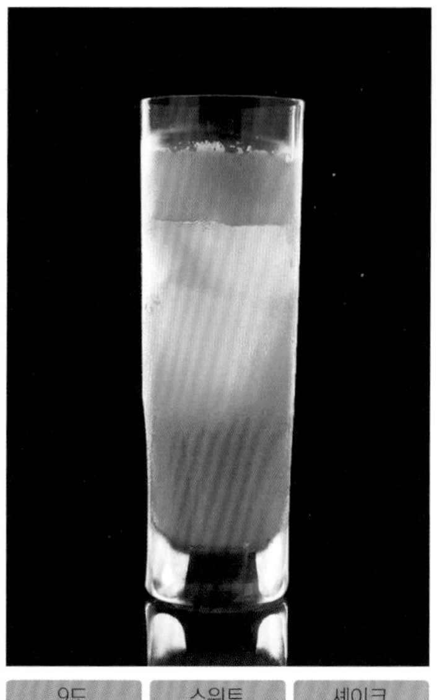

9도 | 스위트 | 셰이크 | 올데이 | 콜린스 글라스

재료

■ 보드카	15㎖
■ 멜론 리큐어	20㎖
■ 라즈베리 리큐어	10㎖
■ 파인애플 주스	80㎖

만드는 법 셰이커에 모든 재료와 얼음을 넣고 셰이크한다. 얼음을 넣은 콜린스 글라스에 따른다. 잔에 직접 따라 섞어도 좋다.

톰 크루즈 주연의 영화 〈칵테일〉(1988년)에 대사로만 등장했는데 단번에 유명해졌다. 과일 계통 리큐어가 선사하는 달콤한 한잔.

13도 | 미디엄 | 빌드
올데이 | 콜린스 글라스

레이디 킬러 조심

Screwdriver
스크루드라이버

재료

■ 보드카	45㎖
■ 오렌지 주스	적당량

만드는 법 얼음을 넣은 콜린스 글라스에 모든 재료를 넣고 젓는다.

작열하는 이란의 유전에서 일하던 미국 노동자들이 머들러 대신 드라이버로 보드카와 오렌지 주스를 섞어 마신 데에서 유래했다. 주스처럼 마시기 쉽지만 알코올 도수가 강하기 때문에, 술에 약한 여성을 취하게 만든다는 의미에서 '레이디 킬러'라고도 불린다.

10도 | 미디엄 | 셰이크
올데이 | 텀블러

바다의 산들바람이 느껴지는 시원한 맛

Sea Breeze
시 브리즈

재료

■ 보드카	30㎖
■ 크랜베리 주스	45㎖
■ 자몽 주스	45㎖

만드는 법 셰이커에 모든 재료와 얼음을 넣고 셰이크한다. 텀블러에 따른다.

시 브리즈는 '바다의 산들바람'이라는 뜻. 새콤달콤한 크랜베리에 자몽의 쌉쌀한 신맛이 더해져 산뜻하게 넘어간다. 핑크빛은 눈을 즐겁게 한다. 미국 서해안에서 탄생하여 1980년대에 일본에 들어왔다.

눈부신 비취색이 목넘김을 매끄럽게

Aqua
아쿠아

재료

■ 보드카	35㎖
■ 민트 리큐어(그린)	25㎖
■ 라임 주스	15㎖
■ 토닉워터	적당량

만드는 법 셰이커에 토닉워터를 제외한 모든 재료와 얼음을 넣고 셰이크한다. 콜린스 글라스에 따른 뒤 차가운 토닉워터로 채운다.

비취와 같은 청록색이 아름다워, 보는 것만으로도 청량감이 느껴진다. 세련된 향과 산미에 탄산의 자극을 더했다. 갈증 난 목을 기분 좋게 적셔준다.

9도 | 미디엄 | 셰이크
올데이 | 콜린스 글라스

잔에 가랑눈이 내려 쌓인 불멸의 명작

Yukiguni
유키구니

재료

■ 보드카	55㎖
■ 오렌지 리큐어(화이트)	25㎖
■ 라임 주스	2tsp.
■ 설탕	적당량
■ 민트 체리	1개

만드는 법 셰이커에 라임 주스까지의 재료와 얼음을 넣고 셰이크한다. 설탕으로 만든 스노 스타일 칵테일 글라스에 따른다. 민트 체리를 가라앉힌다.

북국의 설경이 눈에 떠오르는 듯하다. 1958년 고토부키야(현 산토리) 주최 콩쿠르에서 우수 작품상을 받았다. 설탕으로 맛을 조절하면서 마시는 것을 추천.

30도 | 미디엄스위트 | 셰이크
올데이 | 칵테일 글라스

40도 | 미디엄드라이 | 셰이크
올데이 | 칵테일 글라스

이국적인 개성파 칵테일

Gypsy
집시

재료

■ 보드카	65 ml
■ 베네딕틴 돔	15 ml
■ 앙고스투라 비터스	1dash

만드는 법 셰이커에 모든 재료와 얼음을 넣고 셰이크한다. 칵테일 글라스에 따른다.

베네딕틴 돔은 16세기 프랑스 노르망디 지방의 베네딕틴 수도원에서 만든, 장수를 위한 약주에 기원을 둔다고 한다. 여러 종류의 향초와 약초가 배합된 독특한 풍미에, 앙고스투라 비터스의 쓴맛이 더해져 개성 넘치는 맛을 낸다.

8도 | 스위트 | 셰이크
올데이 | 샴페인 글라스(소서형)

열대의 분위기를 담뿍 담은

Chi-Chi
치치

재료

■ 보드카	30 ml
■ 파인애플 주스	80 ml
■ 코코넛 밀크	45 ml

만드는 법 셰이커에 모든 재료와 얼음을 넣고 셰이크한다. 샴페인 글라스 같은 큰 잔에 크러시드 아이스를 채운 뒤 따른다. 기호에 따라 파인애플 조각, 마라스키노 체리를 칵테일 핀에 꽂아 잔의 테두리에 장식한다.

'치치'는 미국 속어로 세련되다, 스타일리시하다는 뜻. 하와이 태생의 칵테일답게 남국의 분위기가 담뿍 들어 있는 맛이다.

드라마에 등장해 큰 인기를 모은

Cosmopolitan
코즈모폴리턴

재료

재료	분량
보드카	35㎖
오렌지 리큐어(화이트)	15㎖
크랜베리 주스	15㎖
라임 주스	15㎖

만드는 법 셰이커에 모든 재료와 얼음을 넣고 셰이크한다. 칵테일 글라스에 따른다.

미국 드라마 〈섹스 앤드 더 시티〉에서 주인공들이 즐겨 마시던 칵테일. 크랜베리의 붉은색이 도회적인 분위기를 자아내고, 프루티한 새콤달콤함은 여성들이 선호하는 맛.

27도 | 미디엄 | 셰이크
올데이 | 칵테일 글라스

루이 암스트롱의 명곡에서 유래한 이름

Kiss of Fire
키스 오브 파이어

재료

재료	분량
보드카	25㎖
슬로 진	25㎖
드라이 베르무트	25㎖
레몬 주스	2dash
설탕	적당량

만드는 법 셰이커에 설탕을 제외한 모든 재료와 얼음을 넣고 셰이크한다. 설탕을 묻힌 스노 스타일 칵테일 글라스에 따른다.

슬로 진의 타오르는 듯한 붉은색과 설탕의 스노 스타일이 키스하는 모습을 표현하는 듯하다. 이름은 루이 암스트롱의 재즈 명곡에서 유래했다.

26도 | 미디엄드라이 | 셰이크
식전 | 칵테일 글라스

30도 | 미디엄스위트 | 셰이크
올데이 | 칵테일 글라스

붉은 보석이 채색된 클래식한 한잔

Panache

파나셰

재료

■ 보드카	35 ㎖
■ 체리 브랜디	15 ㎖
■ 드라이 베르무트	25 ㎖

만드는 법 셰이커에 모든 재료를 넣고 셰이크한다. 칵테일 글라스에 따른다. 기호에 따라 칵테일 핀에 마라스키노 체리를 꽂아 넣는다.

드라이 베르무트와 달콤한 체리 브랜디가 조화를 이루어 깊은 맛이 느껴진다. 맥주와 레모네이드로 만드는 같은 이름의 칵테일이 있지만, 이쪽의 레시피가 더 오래되었다.

16도 | 미디엄스위트 | 셰이크
올데이 | 칵테일 글라스

우아하게 춤추는 플라밍고처럼

Flamingo Lady

플라밍고 레이디

재료

■ 보드카	20 ㎖
■ 피치 리큐어	20 ㎖
■ 파인애플 주스	20 ㎖
■ 레몬 주스	10 ㎖
■ 그레나딘 시럽	1tsp.
■ 설탕	적당량

만드는 법 셰이커에 설탕을 제외한 모든 재료와 얼음을 넣고 셰이크한다. 그레나딘 시럽(분량 외)과 설탕으로 칵테일 글라스를 스노 스타일로 준비한 뒤 따른다.

사랑스러운 핑크빛 술, 붉은 스노 스타일로 장식한 자태가 플라밍고를 연상시킨다. 피치 리큐어의 풍부하고 윤택하며 달콤한 향이 매력.

식후에 당기는 아이스커피의 풍미

White Russian
화이트 러시안

재료

■ 보드카	40㎖
■ 커피 리큐어	20㎖
■ 생크림	적당량

만드는 법 얼음을 넣은 올드 패션드 글라스에 보드카와 커피 리큐어를 넣고 젓는다. 플로트 기법으로 생크림을 띄운다.

보드카에 커피 리큐어를 넣은 칵테일인 블랙 러시안에 생크림을 띄워 더 부드럽게 마무리했다. 아이스커피 비슷해 마시기 쉽다. 식후에 추천.

25도 | 스위트 | 빌드
식후 | 올드 패션드 글라스

민트의 상쾌함이 느껴지는 세련된 맛

White Spider
화이트 스파이더

재료

■ 보드카	55㎖
■ 민트 리큐어(화이트)	25㎖

만드는 법 셰이커에 모든 재료와 얼음을 넣고 셰이크한다. 칵테일 글라스에 따른다.

스팅어(p.144)에서 브랜디 대신 무색무취의 보드카를 넣은 것. '보드카 스팅어'라고도 부른다. 화이트 민트 리큐어는 페퍼민트 술로, 산뜻한 청량감이 특징. 한 모금 한 모금 느껴지는 산뜻한 자극이 즐겁다.

35도 | 미디엄스위트 | 셰이크
올데이 | 칵테일 글라스

Rum Cocktail

럼 베이스

럼은 카리브해에 떠 있는 서인도 제도에서 탄생한 스피릿.
원료인 사탕수수 특유의 풍미가 특징입니다.
발효법 및 증류법에 따라 풍미와 색이 달라져서
칵테일의 베리에이션이 넓어집니다.

[차 례]

대표 럼과 콜라의 상쾌한 한잔

Cuba Libre
쿠바 리브레

재료

■ 라이트 럼	45㎖
■ 라임 주스	10㎖
■ 콜라	적당량

만드는 법 얼음을 넣은 텀블러에 럼과 라임 주스를 따르고, 콜라를 채운 뒤 가볍게 젓는다. 기호에 따라 커트 레몬을 짜 넣기도 한다.

쿠바 독립 전쟁 때 생겨난 칵테일로, 당시 구호였던 "¡Viva Cuba Libre!(쿠바 자유 만세)"에서 이름이 유래했다. 독립을 지원하던 한 미국인 병사가 콜라와 쿠바산 럼을 섞어 마신 데에서 시작되었다고 한다. 친해지기 쉬운 맛으로, 목넘김이 상쾌하다.

13도 | 미디엄 | 빌드 | 올데이 | 텀블러

대표 럼 베이스 칵테일의 대표 주자

Daiquiri
다이키리

재료

■ 화이트 럼	60㎖
■ 라임 주스	20㎖
■ 설탕	1tsp.

만드는 법 셰이커에 모든 재료와 얼음을 넣고 셰이크한다. 칵테일 글라스에 따른다.

다이키리는 쿠바에 있는 광산 이름이다. 19세기 말, 다이키리에서 일하던 미국인 광산 기사가 이름을 붙였다. 갱부들이 갈증 난 목을 축이려고 럼에 라임 주스를 넣어 마신 것이 시작이라고 한다. 감귤류의 진한 산미가 럼의 향기로운 맛을 끌어올려준다.

28도 | 미디엄드라이 | 셰이크 | 올데이 | 칵테일 글라스

카리브의 해적들이 사랑한 칵테일

Mojito
모히토

재료

■ 화이트 럼	40 ㎖
■ 라임 주스	10 ㎖
■ 설탕	1tsp.
■ 소다수	적당량
■ 민트	적당량

만드는 법 텀블러에 민트와 설탕을 넣고, 민트를 머들러로 으깬다. 크러시드 아이스를 넣고 럼과 라임 주스를 부은 다음 소다수로 채운다.

으깬 민트잎을 소다수로 녹인, 쿠바 태생의 칵테일. 16세기 무렵 카리브해에서 날뛰었던 해적들이 마셨다고 한다.

23도	미디엄	빌드
올데이	텀블러	

13도 | 스위트 | 블렌드
올데이 | 샴페인 글라스(소서형)

멜론과 라임의 여름다운 풍미

Green Eyes
그린 아이즈

재료

■ 골드 럼	30㎖
■ 멜론 리큐어	25㎖
■ 파인애플 주스	45㎖
■ 코코넛 밀크	15㎖
■ 라임 주스	15㎖

만드는 법 블렌더에 모든 재료와 크러시드 아이스 한 컵을 넣어 블렌드하여, 샴페인 글라스에 따른다. 기호에 따라 슬라이스 라임을 장식한다.

럼 베이스에 멜론 리큐어의 향과 색을 돋보이게 만든 칵테일. 열대의 맛과 라임의 산미가 기분을 상쾌하게 해준다.

25도 | 미디엄드라이 | 셰이크
올데이 | 칵테일 글라스

감귤 계열의 상쾌함이 갈증을 풀어준다

Nevada
네바다

재료

■ 화이트 럼	40㎖
■ 라임 주스	10㎖
■ 자몽 주스	10㎖
■ 설탕	1tsp.
■ 앙고스투라 비터스	1dash

만드는 법 셰이커에 모든 재료와 얼음을 넣고 셰이크한다. 칵테일 글라스에 따른다.

네바다는 미국 서부의 주로, 세계 최대의 환락가인 라스베이거스가 유명하다. 그런데 네바다 주의 태반을 차지하는 것은 사막. 럼의 강한 맛과 라임과 자몽의 신맛이 절묘한 조화를 이룬다.

마지막 키스는 품격 높은 드라이한 맛으로

Last Kiss

라스트 키스

37도 | 미디엄드라이 | 셰이크
식전 | 칵테일 글라스

재료

■ 화이트 럼	50㎖
■ 브랜디	15㎖
■ 레몬 주스	10㎖

만드는 법 ▶ 셰이커에 모든 재료와 얼음을 넣고 셰이크한다. 칵테일 글라스에 따른다.

풍미 강한 럼의 맛, 브랜디의 깊은 맛, 레몬 주스의 산미가 돋보인다. '마지막 키스'라는 이름에 어울리게 씁쓸하면서 드라이한 맛을 낸다. 알코올 도수도 높아 가버린 사랑의 여운을 마셔버리기에 최적인 한잔.

톡톡 터지는 탄산이 마음을 가볍게 해주는

Rum Collins

럼 콜린스

13도 | 미디엄드라이 | 빌드
올데이 | 콜린스 글라스

재료

■ 화이트 럼	60㎖
■ 레몬 주스	20㎖
■ 설탕 시럽	2tsp.
■ 소다수	적당량

만드는 법 ▶ 얼음을 넣은 콜린스 글라스에 화이트 럼, 레몬 주스, 설탕 시럽을 넣고 젓는다. 소다수를 채우고 가볍게 젓는다. 기호에 따라 커트 라임을 넣는다.

'콜린스'는 19세기 중반 런던의 전설적인 웨이터. 럼은 레몬, 소다수와 어울림이 좋고, 상쾌하게 마시기 좋다.

37도	미디엄	셰이크
올데이	칵테일 글라스	

카리브해의 휴양지에 온 느낌으로

Miami
마이애미

재료

■ 라이트 럼	55㎖
■ 페퍼민트 리큐어(화이트)	25㎖
■ 레몬 주스	1/2tsp.

만드는 법 셰이커에 모든 재료와 얼음을 넣고 셰이크한다. 칵테일 글라스에 따른다.

플로리다의 관광 도시인 마이애미는 비치 리조트가 세계적으로 유명하다. 그 이름을 딴 칵테일은 아름다운 모래사장과 파도가 일으키는 물보라를 연상시키는 유백색으로, 레몬의 향이 감도는 산뜻한 한잔. 부드러운 입맛으로 후련하게 마실 수 있다.

18도	미디엄스위트	빌드
올데이	올드 패션드 글라스	

과일을 호화롭게 장식한 최고의 칵테일

Mai-Tai
마이타이

재료

■ 화이트 럼	45㎖
■ 오렌지 리큐어(화이트)	1tsp.
■ 파인애플 주스	2tsp.
■ 오렌지 주스	2tsp.
■ 레몬 주스	1tsp.
■ 다크 럼	2tsp.

만드는 법 셰이커에 다크 럼을 제외한 모든 재료를 넣고 셰이크한다. 크러시드 아이스를 채운 잔에 따른 뒤 다크 럼을 플로트 기법으로 띄운다. 과일을 장식하여도 좋다.

마이타이는 폴리네시아어로 '최고'라는 뜻이다. 트로피컬 칵테일의 여왕이라 불릴 만큼 호화로운 장식이 특징.

중후함으로 화려한 분위기에 어울리는

Millionaire

밀리어네어

22도 | 미디엄스위트 | 셰이크
식후 | 칵테일 글라스

재료

■ 화이트 럼	20 ㎖
■ 슬로 진	20 ㎖
■ 아프리콧 브랜디	20 ㎖
■ 라임 주스	20 ㎖
■ 그레나딘 시럽	1dash

만드는 법 셰이커에 모든 재료와 얼음을 넣고 셰이크한다. 칵테일 글라스에 따른다.

'백만장자'라는 이름의 칵테일. 베리 계열의 슬로 진과 아프리콧 브랜디가 적절하게 조화를 이루어 달콤한 향과 함께 맛을 낸다.

재판으로 유명해진

Bacardi Cocktail

바카디 칵테일

28도 | 미디엄 | 셰이크
올데이 | 칵테일 글라스

재료

■ 바카디 럼 화이트	60 ㎖
■ 레몬 주스	20 ㎖
■ 그레나딘 시럽	1tsp.

만드는 법 셰이커에 모든 재료와 얼음을 넣고 셰이크한다. 칵테일 글라스에 따른다.

바카디 사가 판매 촉진을 위해 고안한 칵테일. 1936년 뉴욕 최고재판소에서 "이 칵테일에는 바카디 럼을 사용하지 않으면 안 된다"는 판결을 내렸다.

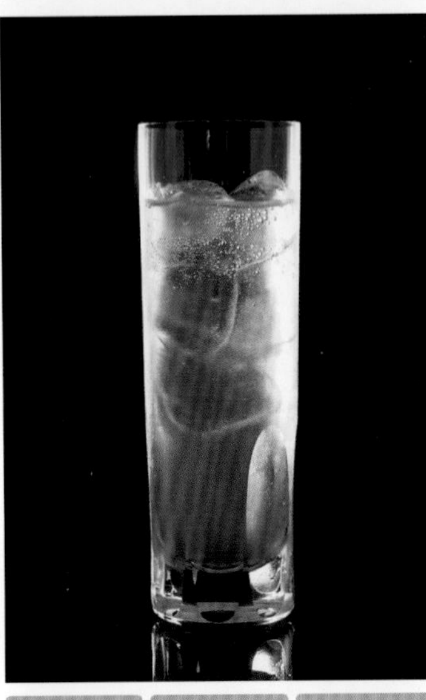

13도 | 미디엄 | 셰이크
올데이 | 콜린스 글라스

진저의 풍미가 효과를 발휘하는

Boston Cooler
보스턴 쿨러

재료

■ 화이트 럼	45㎖
■ 레몬 주스	20㎖
■ 설탕	1tsp.
■ 진저에일	적당량

만드는 법 셰이커에 화이트 럼, 레몬 주스, 설탕과 얼음을 넣고 셰이크한다. 얼음을 넣은 콜린스 글라스에 따른다. 차가운 진저에일을 채우고 가볍게 젓는다.

라이트한 화이트 럼에 레몬 주스로 산미를 더하고, 럼과 어울림이 좋은 진저에일을 섞어서 마시기 좋게 마무리한다.

33도 | 드라이 | 스터
식전 | 칵테일 글라스

로맨틱한 밤에 고급스러운 강한 맛

Black Devil
블랙 데블

재료

■ 화이트 럼	50㎖
■ 드라이 베르무트	30㎖
■ 블랙 올리브	1개

만드는 법 믹싱 글라스에 화이트 럼, 드라이 베르무트와 얼음을 넣고 스터한다. 칵테일 글라스에 따른다. 칵테일 핀에 블랙 올리브를 꽂아 잔에 넣는다.

화이트 럼에 드라이 베르무트의 강한 맛을 더한 알코올 도수가 높은 한잔. '검은 악마'를 연상시키는 블랙 올리브를 넣어 쿨하게 장식한다.

하와이의 아름다운 바다와 하늘

Blue Hawaii
블루 하와이

17도 | 스위트 | 셰이크
올데이 | 올드 패션드 글라스

재료

■ 화이트 럼	30 mℓ
■ 오렌지 리큐어(블루)	15 mℓ
■ 파인애플 주스	30 mℓ
■ 레몬 주스	15 mℓ

만드는 법 셰이커에 모든 재료와 얼음을 넣고 셰이크한다. 크러시드 아이스를 넣은 올드 패션드 글라스에 따른다. 기호에 따라 과일을 장식한다.

파란색 리큐어로 하와이의 푸른 바다와 하늘을 표현했다. 파인애플 주스와 레몬 주스의 상쾌한 풍미는 남국의 해변을 연상시킨다.

다양한 문화와 역사를 증거하는 개성적인 맛

Shanghai
상하이

23도 | 미디엄 | 셰이크
올데이 | 칵테일 글라스

재료

■ 자메이카 럼	40 mℓ
■ 아니스 리큐어	10 mℓ
■ 레몬 주스	30 mℓ
■ 그레나딘 시럽	2dash

만드는 법 셰이커에 모든 재료와 얼음을 넣고 셰이크한다. 칵테일 글라스에 따른다.

아편 전쟁의 결과에 따라 개항하여 '마도(魔都)'라고도 불렸던 상하이. 향초와 약초의 이국적 향이 감도는 아니스 리큐어와, 자메이카 럼의 진한 맛이 개성 넘치는 풍미를 자아낸다. 매력적인 색이 요염하게 빛난다.

28도 | 미디엄드라이 | 셰이크
올데이 | 칵테일 글라스

창공을 나는 듯한 청량함

Sky Diving
스카이 다이빙

재료

재료	분량
화이트 럼	35 ㎖
오렌지 리큐어(블루)	25 ㎖
라임 주스	15 ㎖

만드는 법 셰이커에 모든 재료와 얼음을 넣고 셰이크한다. 칵테일 글라스에 따른다.

맑게 트인 아름다운 창공을 파란색 리큐어로 표현했다. 엷은 단맛과 쌉쌀함이 라임의 산뜻한 향과 조화를 이루어, 마치 창공을 나는 듯한 기분을 느끼게 해준다.

23도 | 미디엄스위트 | 셰이크
올데이 | 고블릿

하와이에서 태어난 감귤 계열 칵테일

Scorpion
스코피온

재료

재료	분량
화이트 럼	45 ㎖
브랜디	30 ㎖
오렌지 주스	20 ㎖
레몬 주스	20 ㎖
라임 주스	15 ㎖

만드는 법 셰이커에 모든 재료와 얼음을 넣고 셰이크한다. 크러시드 아이스를 넣은 고블릿에 따른다. 기호에 따라 마라스키노 체리로 장식한다.

'전갈'을 뜻하는 이 이름은 11월의 별자리에서 유래한다고 한다. 세 종류의 감귤류 과일 주스가 럼과 브랜디의 알코올을 잊게 해준다.

해변 리조트의 기분을 맛본다

Habana Beach

아바나 비치

재료

■ 화이트 럼	40㎖
■ 파인애플 주스	40㎖
■ 검 시럽	1dash

만드는 법 ▶ 셰이커에 모든 재료와 얼음을 넣고 셰이크한다. 칵테일 글라스에 따른다.

쿠바의 수도 아바나는 카리브해 최대의 도시. 태양이 내리쬐는 해변 리조트의 밝고 명랑한 분위기가 칵테일에 표현되어 있다. 럼과 파인애플 주스가 열대를 연출하고, 적절한 단맛이라 마시기 좋다.

19도 | 미디엄 | 셰이크
올데이 | 칵테일 글라스

크리스마스에 어울리는 뜨거운 맛

Eggnog

에그노그

재료

■ 럼	30㎖
■ 브랜디	15㎖
■ 우유	적당량
■ 계란 노른자	1개분
■ 설탕 시럽	15㎖

만드는 법 ▶ 핫 글라스에 계란 노른자와 설탕 시럽을 넣어 섞고, 럼과 브랜디를 더해 저으면서 뜨거운 우유로 채운다.

럼과 잘 어울리는 우유를 사용한 칵테일. 미국에서는 크리스마스나 신년에 마시는 경우가 많다. 크리미하고 매끄러운 입맛이 특징.

9도 | 미디엄 | 빌드
식후 | 핫 글라스

30도 | 미디엄드라이 | 셰이크
올데이 | 칵테일 글라스

자신만만한 최고의 칵테일

X.Y.Z
엑스와이지

재료

- 화이트 럼 40㎖
- 오렌지 리큐어(화이트) 20㎖
- 레몬 주스 20㎖

만드는 법 셰이커에 모든 재료와 얼음을 넣고 셰이크한다. 칵테일 글라스에 따른다.

알파벳의 마지막 세 자를 이름으로 붙인 것은 '이것 이상의 칵테일은 없다'는 뜻이 담겨 있다. 화이트 럼에 오렌지 리큐어와 레몬 주스를 더해서 감귤 계열의 물리지 않는 맛을 낸다.

26도 | 미디엄 | 셰이크
올데이 | 칵테일 글라스

럼의 역사에 도취되다

Columbus
콜럼버스

재료

- 골드 럼 35㎖
- 아프리콧 브랜디 20㎖
- 레몬 주스 20㎖

만드는 법 셰이커에 모든 재료와 얼음을 넣고 셰이크한다. 칵테일 글라스에 따른다.

럼은 서인도 제도에서 탄생한, 사탕수수를 원료로 하는 증류주. 콜럼버스가 서인도 제도에 사탕수수를 들여와서 만들어지게 되었다고 한다. 럼과 브랜디의 진한 풍미를 레몬이 후련하게 정돈해준다.

청량감 넘치는 셔벗 칵테일

Frozen Diquiri
프로즌 다이키리

재료

■ 화이트 럼	40 ㎖
■ 마라스키노 리큐어	1tsp.
■ 라임 주스	10 ㎖
■ 검 시럽	1tsp.

만드는 법 블렌더에 모든 재료와 크러시드 아이스 1컵을 넣어 블렌드한다. 셔벗 상태가 되면 샴페인 글라스에 따른다. 기호에 따라 민트잎을 장식한다.

아바나에 살았던 헤밍웨이는 위의 레시피에서 시럽을 빼고 럼을 더블로 하여 즐겨 마셨다. 라임의 청량감이 넓게 퍼지는 한잔.

26도 | 미디엄 | 블렌드
올데이 | 샴페인 글라스(소서형)

과일이 담뿍 든 생동하는 칵테일

Pina Colada
피나 콜라다

재료

■ 화이트 럼	30 ㎖
■ 파인애플 주스	80 ㎖
■ 코코넛 밀크	30 ㎖

만드는 법 셰이커에 모든 재료와 얼음을 넣고 셰이크한다. 크러시드 아이스를 넣은 올드 패션드 글라스에 따른다. 기호에 따라 과일로 장식한다.

에스파냐어로 '파인애플이 우거진 언덕'이라는 뜻을 지닌 열대 칵테일. 술이 약한 사람도 마시기 좋을 만큼 부드러운 풍미가 있다. 화이트 럼을 보드카로 바꾸면 치치(p.100)가 된다.

9도 | 스위트 | 셰이크
올데이 | 올드 패션드 글라스

칼 럼

애주가의 엄선 칵테일 1

칵테일 애호가라면 반드시 알아두어야 할 칵테일을 소개합니다.

자극적인 맛에 쓰러질 것 같은

Knockout
녹아웃

35도 | 드라이 | 셰이크 | 올데이 | 칵테일 글라스

재료

재료	분량
드라이진	25㎖
드라이 베르무트	25㎖
페르노	25㎖
페퍼민트 리큐어(화이트)	1tsp.

만드는 법 셰이커에 모든 재료와 얼음을 넣고 셰이크한다. 칵테일 글라스에 따른다.

압생트를 개량하여 만든 페르노와 민트의 조합이 자극적이다. 1927년 복싱 헤비급 세계선수권에서 잭 뎀시를 꺾은 진 터니를 기리기 위해 만들었다. 녹아웃되지 않도록 조심할 것.

사랑에 대한 소문을 퍼뜨리는

La Rumeur
라 뤼메르

31도 | 미디엄스위트 | 셰이크 | 올데이 | 칵테일 글라스

재료

재료	분량
테킬라	30㎖
레몬 리큐어	20㎖
패션프루트 리큐어	15㎖
바이올렛 리큐어	15㎖
올리브	1개

만드는 법 올리브를 제외한 모든 재료를 넣고 셰이크해서 칵테일 글라스에 따른다. 올리브를 칵테일 핀에 꽂아 술잔에 담근다.

프랑스어로 '소문'을 뜻하는 라 뤼메르. 칵테일의 색깔을 담당한 바이올렛 리큐어는 '파르페 아무르(완전한 사랑)'라고도 한다.

14도	드라이	빌드
올데이	올드 패션드 글라스	

세 가지 방법으로 맛볼 수 있는

Whisky Float

위스키 플로트

재료

■ 위스키	45㎖
■ 미네랄워터	적당량

만드는 법 얼음을 넣은 잔에 미네랄워터를 70%까지 따른다. 바 스푼의 등쪽을 사용하여 위스키를 플로트 기법으로 살며시 띄운다.

미네랄워터와 위스키가 층을 이루어 아름다운 칵테일. 위스키가 물보다 가벼워 2층을 만들 수 있다. 한 잔을 여러 가지 방법으로 마실 수 있는데 스트레이트로, 물에 섞어서, 체이서(독한 술 뒤에 마시는 물이나 음료 등)와 함께 등등이다.

12도	미디엄	셰이크
올데이	텀블러	

계란과 우유의 부드러움

Brandy Eggnog

브랜디 에그노그

재료

■ 브랜디	30㎖
■ 다크 럼	15㎖
■ 계란	1개
■ 설탕	2tsp.
■ 우유	적당량

만드는 법 셰이커에 우유를 제외한 모든 재료와 얼음을 넣고 셰이크한다. 얼음을 넣은 텀블러에 따른다. 우유를 붓고 가볍게 젓는다.

크리스마스 음료로 마셔온 계절 칵테일. 계란과 우유의 부드러운 단맛에 익숙해지기 쉽다. 알코올 도수는 낮다.

Tequila Cocktail

테킬라 베이스

테킬라는 멕시코의 특정 지역에서 생산되는
아가베를 원료로 하는 날카로운 풍미의 증류주입니다.
감귤류나 민트와 같이 산뜻한 재료와 잘 어울리며,
남국의 맛을 풍기는 레시피가 갖추어져 있습니다.

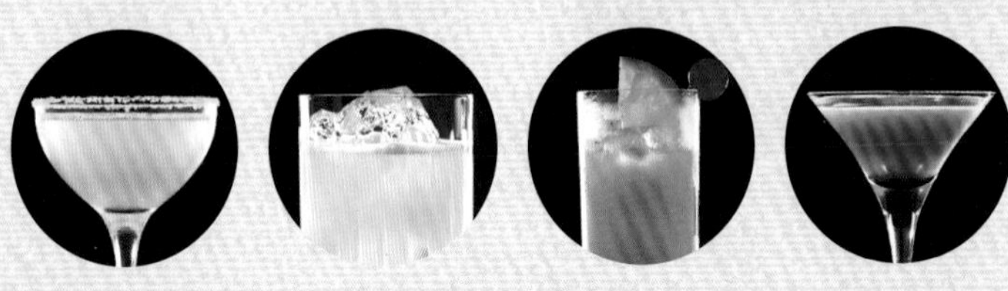

[차 례]

대표 믹 재[illegible] 사랑[illegible]잔

Tequila Sunrise

테킬라 선라이즈

'흉내지빠귀'라도 맛은 흉내 낼 수 없다

Mockingbird

모킹버드

재료

재료	분량
테킬라	45㎖
오렌지 주스	90㎖
그레나딘 시럽	2tsp.

만드는 법 얼음을 넣은 콜린스 글라스에 테킬라, 오렌지 주스를 넣고 가볍게 젓는다. 그레나딘 시럽을 살며시 가라앉히고 머들러를 꽂는다.

그레나딘 시럽을 태양에, 오렌지 주스를 해 돋는 하늘에 비긴 칵테일. 롤링스톤스의 믹 재거가 멕시코를 방문했을 때 마음에 들어해서, 가는 곳마다 테킬라 선라이즈를 주문한 데에서 세계에 알려졌다.

13도	미디엄	빌드
올데이	콜린스 글라스	

재료

재료	분량
테킬라	40㎖
페퍼민트 리큐어(그린)	20㎖
라임 주스	20㎖

만드는 법 셰이커에 모든 재료와 얼음을 넣고 셰이크한다. 차가운 칵테일 글라스에 따른다.

선명한 초록색이 특징으로, 상쾌한 민트 향이 기분을 좋게 한다. 모킹버드는 다른 새의 울음소리를 흉내 내는 흉내지빠귀. 미국 남서부에서 멕시코에 걸쳐 서식하기 때문에 멕시코산 테킬라에 결부하여 이름을 붙였다.

25도	미디엄	셰이크
올데이	칵테일 글라스	

연인에게 바치는
눈물의 칵테일

Margarita
마르가리타

재료

재료	분량
테킬라	40㎖
오렌지 리큐어(화이트)	20㎖
라임 주스	20㎖
소금	적당량

만드는 법 라임 주스까지의 재료와 얼음을 넣어 셰이크하고, 소금으로 만든 스노 스타일 칵테일 글라스에 따른다.

이름의 유래에 대해서는 한 작가의 젊은 시절 죽은 연인의 이름에서 따왔다는 설이 있다. 1949년 미국에서 열린 내셔널 칵테일 콘테스트에서 입선했다.

30도 | 미디엄드라이 | 셰이크
올데이 | 칵테일 글라스

30도 | 미디엄 | 셰이크
올데이 | 칵테일 글라스

명품의 향이 감도는 프리미엄 칵테일

Grand Marnier Margarita

그랑 마르니에 마르가리타

재료

■ 테킬라	35 ml
■ 그랑 마르니에	20 ml
■ 레몬 주스	20 ml
■ 소금	적당량

만드는 법 셰이커에 소금을 제외한 모든 재료와 얼음을 넣고 셰이크한다. 소금으로 만든 스노 스타일 칵테일 글라스에 따른다.

마르가리타(p.123)에서 리큐어를 오렌지 리큐어의 최고봉인 그랑 마르니에로 바꾼 것. 그랑 마르니에는 풍부한 향이 특징인 명품.

31도 | 미디엄드라이 | 셰이크
올데이 | 칵테일 글라스

하루의 시작을 알리는 아침 해와 같은

Rising Sun

라이징 선

재료

■ 테킬라	35 ml
■ 샤르트뢰즈(옐로)	25 ml
■ 라임 주스	15 ml
■ 마라스키노 체리	1개
■ 슬로 진	1tsp.
■ 소금	적당량

만드는 법 라임 주스까지의 재료를 넣고 셰이크한다. 소금을 묻힌 스노 스타일 잔에 따른다. 마라스키노 체리를 가라앉힌 다음, 슬로 진을 살며시 떨어뜨린다.

체리가 하루의 시작을 알리는 아침 해 같다. 일본 조리사법 시행 10주년을 기념한 칵테일 대회에서 후생대신상을 받았다.

투우사의 정열이 감춰진

Matador

마타도르

재료

■ 테킬라	30㎖
■ 파인애플 주스	45㎖
■ 라임 주스	15㎖

만드는 법 셰이커에 모든 재료와 얼음을 넣고 셰이크한다. 얼음을 넣은 올드 패션드 글라스에 따른다.

마타도르는 투우에서 마지막에 소의 숨통을 끊는 주역 투우사를 말한다. 중후한 테킬라를 파인애플 주스와 라임 주스가 산뜻하게 감싸고 있는데, 안으로는 정열을 감춘 채 쿨한 표정으로 사람들을 매혹시키는 투우사를 떠올리게 한다.

12도 | 미디엄스위트 | 셰이크

올데이 | 올드 패션드 글라스

테킬라 맛이 두드러지는, 전통 있는 칵테일

Mexican

멕시칸

재료

■ 테킬라	40㎖
■ 파인애플 주스	40㎖
■ 그레나딘 시럽	1dash

만드는 법 셰이커에 모든 재료와 얼음을 넣고 셰이크한다. 칵테일 글라스에 따른다.

사보이 호텔의 유명 바텐더 해리 크래독이 처음 만든 칵테일. 그가 지은 책 〈사보이 칵테일 북〉은 칵테일의 바이블이라 일컬어진다. 테킬라의 풍미가 두드러진 맛으로, 멕시코를 느끼게 해준다.

17도 | 미디엄스위트 | 셰이크

올데이 | 칵테일 글라스

10도 | 미디엄 | 빌드
올데이 | 올드 패션드 글라스

테킬라의 풍미를 심플하게 맛본다

Salty Bull
솔티 불

재료

재료	분량
■ 테킬라	45㎖
■ 자몽 주스	적당량
■ 소금	적당량

만드는 법 올드 패션드 글라스를 소금을 이용한 스노 스타일로 준비한다. 잔에 얼음을 넣고 테킬라를 따른다. 자몽 주스를 채운 다음 젓는다.

솔티 독(p.87)에서 보드카 대신 테킬라를 넣었더니 독이 불(황소)로 변했다. 테킬라와 자몽 주스의 심플한 조합으로, 테킬라를 차분히 맛보고 싶은 사람에게 추천.

22도 | 미디엄스위트 | 셰이크
올데이 | 칵테일 글라스

아름다운 꽃을 연상시키는 한잔

Cyclamen
시클라멘

재료

재료	분량
■ 테킬라	35㎖
■ 오렌지 리큐어	15㎖
■ 오렌지 주스	15㎖
■ 레몬 주스	15㎖
■ 그레나딘 시럽	1tsp.

만드는 법 그레나딘 시럽을 제외한 모든 재료를 셰이크한다. 칵테일 글라스에 따르고 그레나딘 시럽을 떨어뜨린다. 기호에 따라 레몬 필을 짜 넣는다.

오렌지색에서 붉은색으로 흐르는 그러데이션이 시클라멘 꽃을 연상시킨다. 감귤 계열의 향과 그레나딘의 달콤함이 어우러져 화려한 맛.

부드러운 분위기를 연출하는 산뜻함

Ice Breaker
아이스 브레이커

20도 | 미디엄 | 셰이크
올데이 | 올드 패션드 글라스

재료

■ 테킬라	30㎖
■ 오렌지 리큐어(화이트)	20㎖
■ 자몽 주스	30㎖
■ 그레나딘 시럽	1tsp.

만드는 법 셰이커에 모든 재료와 얼음을 넣고 셰이크한다. 얼음을 넣은 올드 패션드 글라스에 따른다.

'쇄빙선'을 뜻하는 아이스 브레이커는, 첫 만남의 어색함을 누그러뜨리는 말을 가리키기도 한다. 오렌지 리큐어와 자몽 주스가 만든 상쾌한 맛은, 긴장되고 딱딱한 분위기를 한번에 날린다.

오렌지 주스의 칵테일 대사

Ambassador
앰배서더

11도 | 미디엄 | 빌드
올데이 | 콜린스 글라스

재료

■ 테킬라	45㎖
■ 오렌지 주스	적당량
■ 설탕 시럽	1tsp.

만드는 법 얼음을 넣은 콜린스 글라스에 테킬라와 설탕 시럽을 넣는다. 오렌지 주스로 채우고 젓는다. 기호에 따라 슬라이스 오렌지와 마라스키노 체리로 장식한다.

테킬라 선라이즈(p.122)의 레시피에서 그레나딘 시럽을 설탕 시럽으로 바꾼 것. 오렌지 맛이 더욱 두드러져 상큼한 기운이 난다.

11도 | 미디엄 | 빌드
올데이 | 텀블러

붉은빛으로 매혹하는 악마의 속삭임

El Diablo
엘 디아블로

재료

■ 테킬라	30㎖
■ 카시스 리큐어	15㎖
■ 진저에일	적당량
■ 라임	1/2개

만드는 법 얼음을 넣은 텀블러에 테킬라와 카시스 리큐어를 붓고 커트 라임을 짜 넣는다. 진저에일을 채우고, 가볍게 젓는다.

핏빛을 연상시키는 색깔 때문에 에스파냐어로 악마를 뜻하는 '엘 디아블로'라는 이름이 붙었다. 카시스의 산미를 진저에일이 단단하게 잡아준다.

20도 | 미디엄 | 셰이크
올데이 | 칵테일 글라스

부드럽고 귀여운 향과 색

Conchita
콘치타

재료

■ 테킬라	35㎖
■ 자몽 주스	25㎖
■ 레몬 주스	15㎖

만드는 법 셰이커에 모든 재료와 얼음을 넣고 셰이크한다. 칵테일 글라스에 따른다.

에스파냐어에서 '-ita'는 여성 명사의 어미에 붙여 '작은 것', '귀여운 것'을 가리킨다. 과일 향과 부드러운 색의 조합은 이름처럼 여성적인 분위기를 자아낸다.

하루의 마무리를 촉촉하게 해주는

Tequila Sunset
테킬라 선셋

재료

■ 테킬라	30 ㎖
■ 레몬 주스	30 ㎖
■ 그레나딘 시럽	1tsp.

만드는 법 모든 재료와 3/4컵 정도의 크러시드 아이스를 블렌드해서 샴페인 글라스에 따른다. 기호에 따라 슬라이스 레몬과 민트잎을 더하고, 스푼(또는 스트로)을 걸치기도.

해돋이에 비견되는 테킬라 선라이스(p.122)가 뜨는 해라면, 테킬라 선셋은 지는 해를 형상화한 것. 핑크빛 색깔이 석양에 비친 바다를 떠올리게 한다.

5도 | 미디엄 | 블렌드
올데이 | 샴페인 글라스(소서형)

몸도 마음도 식혀주는

Frozen Margarita
프로즌 마르가리타

재료

■ 테킬라	30 ㎖
■ 오렌지 리큐어(화이트)	15 ㎖
■ 라임 주스	15 ㎖
■ 설탕	1tsp.
■ 소금	적당량

만드는 법 소금을 제외한 모든 재료와 크러시드 아이스 1컵을 블렌더로 블렌드한다. 소금을 묻힌 스노 스타일의 샴페인 글라스에 따른다.

프로즌 타입의 마르가리타(p.123). 셔벗 상태의 차가운 라임의 맛이 사링으로 달아오른 몸과 마음을 가라앉힌다.

10도 | 미디엄 | 블렌드
올데이 | 샴페인 글라스(소서형)

Whisky Cocktail

위스키 베이스

아이리시, 스카치, 캐나디안, 아메리칸, 재패니스 위스키.
이들은 세계 5대 위스키로 꼽히며,
저마다 개성 있는 맛과 풍미를 지니고 있습니다.
사용하는 위스키에 따라 칵테일의 맛이 달라집니다.
소개하는 레시피에서는 위스키를 지정하고 있지만,
기호에 따라 골라 만들어도 관계없습니다.

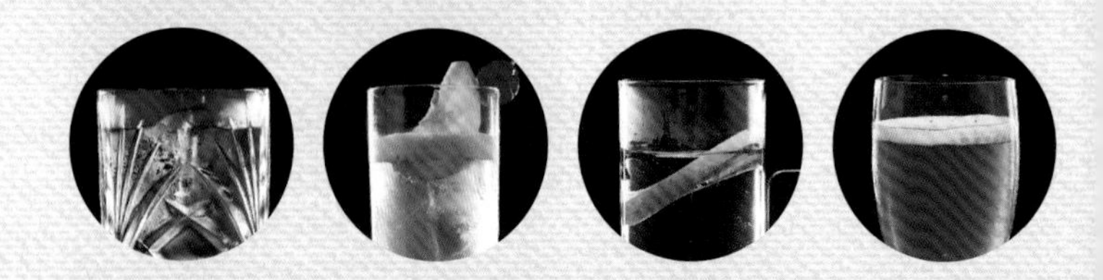

[차 례]

대표 오래되고 좋은 스코틀랜드의 칵테일

Rusty Nail

러스티 네일

재료	
라이 위스키	30㎖
드람비	30㎖

만드는 법 얼음을 넣은 올드 패션드 글라스에 위스키와 드람비를 따른다. 가볍게 젓는다.

러스티 네일은 '녹슨 못'이란 뜻. 못이 녹슬 만큼 오래 전부터 사랑받아왔다. 드람비는 스카치 위스키에 여러 종류의 허브를 더해 만든다. 리큐어 중에서도 역사가 깊으며, 왕가의 비법의 술로 알려져 있다. 위스키의 풍부한 향과 드람비의 달콤함이 깊은 맛을 낸다.

37도 | 스위트 | 빌드 | 식후 | 올드 패션드 글라스

대표 더비를 관전할 때 가장 어울리는 칵테일

Old Fashioned

올드 패션드

재료	
버번 위스키	45㎖
앙고스투라 비터스	2dash
각설탕	1개

만드는 법 올드 패션드 글라스에 각설탕을 넣고 앙고스투라 비터스가 스며들게 한다. 얼음을 넣고 위스키를 따른다. 기호에 따라 슬라이스 오렌지, 마라스키노 체리 등으로 장식한다.

미국인들에게 최고의 경마 대회로 사랑받는 것이 켄터키 더비. 이 대회의 개최지인 루이빌의 바텐더가 고안했다. 잔에 가라앉은 각설탕에 앙고스투라 비터스가 스며들어 있는데, 그것이 서서히 녹아들면서 맛이 변화한다.

32도 | 미디엄드라이 | 빌드 | 올데이 | 올드 패션드 글라스

대표 전 세계의 팬들로부터 사랑받는 고귀한 여왕

Manhattan
맨해튼

재료

라이 위스키	60㎖
스위트 베르무트	20㎖
앙고스투라 비터스	1dash

만드는 법 얼음을 넣은 믹싱 글라스에 모든 재료를 넣고 스터한다. 칵테일 글라스에 따른다. 기호에 따라 칵테일 핀에 마라스키노 체리를 꽂아 장식한다.

'칵테일의 여왕'으로도 불리며, 19세기 이래 세계적으로 사랑받아온 칵테일. 유래에 대해서는 여러 설이 있는데, 그중 하나가 영국 처칠 수상의 어머니가 맨해튼 클럽에서 열린 제19대 미국 대통령 선거 후원 파티에서 제안하여 만들어졌다는 것.

32도 | 미디엄드라이 | 스터 | 식전 | 칵테일 글라스

34도 | 미디엄스위트 | 빌드
식후 | 올드 패션드 글라스

영화와 같이 이탈리아를 묘사한 칵테일

God-father
갓파더

재료

■ 라이 위스키	45㎖
■ 아마레토	15㎖

만드는 법 얼음을 넣은 올드 패션드 글라스에 모든 재료를 넣고 젓는다.

프랜시스 포드 코폴라 감독의 〈갓파더〉가 개봉한 1972년에 만들어졌다. 미국에 살고 있는 이탈리아 마피아 세계를 그린 영화로, 이 칵테일에는 이탈리아산 리큐어인 아마레토를 사용한다.

28도 | 미디엄 | 셰이크
올데이 | 칵테일 글라스

아메리칸 위스키로 표현하는

New York
뉴욕

재료

■ 라이 또는 버번 위스키	60㎖
■ 라임 주스	20㎖
■ 그레나딘 시럽	1/2tsp.
■ 설탕	1tsp.

만드는 법 셰이커에 모든 재료와 얼음을 넣고 셰이크한다. 칵테일 글라스에 따른다. 기호에 따라 오렌지 필을 짜 넣는다.

뉴욕의 애칭 '빅 애플'을 떠올리게 하는 붉은색. 베이스 스피릿은 미국산 라이 위스키나 버번 위스키로 한다.

한여름 태양 아래서 즐기고 싶은

Miami Beach
마이애미 비치

재료

■ 라이 위스키	25㎖
■ 드라이 베르무트	25㎖
■ 자몽 주스	25㎖

만드는 법 셰이커에 모든 재료를 넣고 셰이크한다. 칵테일 글라스에 따른다.

세계적으로 유명한 마이애미 비치. 드라이 베르무트와 자몽 주스를 사용해 상쾌하게 열대의 맛을 연출한다. 주문할 때는 럼 베이스의 칵테일 '마이애미'와 혼동되지 않게 '비치'까지 정확히 발음할 것.

18도 | 미디엄 | 셰이크 | 올데이 | 칵테일 글라스

여름에 맞는 상쾌한 칵테일

Mint Julep
민트 줄렙

재료

■ 버번 위스키	60㎖
■ 설탕	2tsp.
■ 물(또는 소다수)	2tsp.
■ 민트잎	10~15매

만드는 법 텀블러에 민트잎과 설탕, 물(또는 소다수)을 넣고, 민트잎을 으깬다. 크러시드 아이스를 넣고 위스키를 따른 다음 충분히 젓는다. 민트잎으로 장식하고 스트로를 꽂는다.

'줄렙'이란 미국 남부에 전해져오는 믹스드 드링크의 하나. 경마 대회인 켄터키 더비의 공식 드링크로 알려져 있다.

29도 | 미디엄드라이 | 빌드 | 올데이 | 텀블러

16도 | 미디엄스위트 | 빌드
식후 | 올드 패션드 글라스

리큐어와 스카치의 향기로운 맛

Benedict

베네딕트

재료

재료	분량
■ 스카치 위스키	30㎖
■ 베네딕틴	30㎖
■ 진저에일	적당량

만드는법 얼음을 넣은 올드 패션드 글라스에 위스키와 베네딕틴을 따르고 젓는다. 진저에일을 부어 채운 다음 가볍게 젓는다.

베네딕틴은 27종류의 허브를 사용해 만든 것으로, 세계에서 가장 오래된 약초 계열 리큐어라고 한다. 스카치 위스키와 베네딕틴이 어우러진 맛을 즐길 수 있다.

5도 | 미디엄스위트 | 빌드
식후 | 핫 글라스

위스키와 커피 향의 공동 출연

Irish Coffee

아이리시 커피

재료

재료	분량
■ 아이리시 위스키	30㎖
■ 설탕	1tsp.
■ 뜨거운 커피	적당량
■ 생크림	적당량

만드는법 핫 글라스에 설탕을 넣고, 뜨거운 커피를 70%까지 따른다. 위스키를 더해 가볍게 젓는다. 생크림을 띄운다.(휘핑크림도 좋다.)

1940년대 후반 아일랜드의 공항 내 바텐더가 고안. 승객의 몸을 따뜻하게 해주기 위해 제공되었다고 한다. 위스키와 커피의 향이 마음속까지 데워준다.

잔 표면의 물방울이 시원함으로 유혹한다

Whisky Mist
위스키 미스트

재료

■ 라이 위스키	60 ㎖
■ 레몬 필	1장

만드는 법 셰이커에 위스키와 얼음을 넣고 셰이크해서, 얼음과 함께 올드 패션드 글라스에 따른다. 레몬 필을 짜 넣는다. (잔에 크러시드 아이스를 넣고 위스키를 따르는 레시피도 있다.)

얼음과 위스키를 함께 잔에 따르면 잔 표면에 작은 물방울이 넓게 맺힌다. 이것이 안개처럼 보여서 '미스트'라는 이름이 붙었다.

40도 | 드라이 | 셰이크 | 올데이 | 올드 패션드 글라스

신맛과 단맛의 밸런스가 일품

Whiskey Sour
위스키 사워

재료

■ 라이 위스키	45 ㎖
■ 레몬 주스	20 ㎖
■ 설탕	1tsp.

만드는 법 셰이커에 모든 재료와 얼음을 넣고 셰이크한다. 사워 글라스에 따른다.

사워는 증류주에 감귤류 주스와 설탕을 혼합한 스타일을 말한다. 그중에서도 위스키 사워는 사워 계열 칵테일의 대표격이다.

21도 | 미디엄드라이 | 셰이크 | 올데이 | 사워 글라스

13도 | 드라이 | 빌드
올데이 | 텀블러

위스키와 소다수의 손쉬운 한잔

Whiskey Soda

위스키 소다 (하이볼)

재료

재료	분량
■ 라이 위스키	45㎖
■ 소다수	적당량

만드는 법 얼음을 넣은 텀블러에 위스키를 따른다. 차가운 소다수로 채운 다음 가볍게 젓는다.

하이볼이라는 이름의 유래에는 여러 가지 설이 있는데, 골프장에서 친 공이 위스키 소다를 마시던 사람 앞으로 날아온 데에서 생겼다는 설이 유명하다. 소프트드링크로 묽게 만든 모든 것을 지칭하는 말이다.

24도 | 미디엄 | 셰이크
올데이 | 칵테일 글라스

진하고 복잡한 속삭임

Whisper

위스퍼

재료

재료	분량
■ 스카치 위스키	25㎖
■ 드라이 베르무트	25㎖
■ 스위트 베르무트	25㎖

만드는 법 셰이커에 모든 재료와 얼음을 넣고 셰이크한다. 차가운 칵테일 글라스에 따른다.

위스퍼는 '속삭임'이라는 뜻 외에도 '소문', '밀고'라는 뜻이 있다. 맛으로 보자면, 드라이한 맛의 스카치 위스키와 드라이 베르무트, 단맛의 스위트 베르무트라고 하는 복잡한 조합의 맛이다.

전설의 바텐더 이름이 새겨진

John Collins
존 콜린스

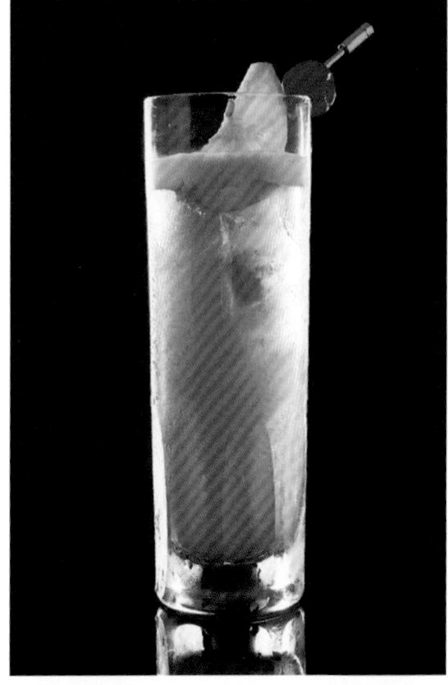

재료

■ 라이 위스키	35㎖
■ 레몬 주스	20㎖
■ 설탕	2tsp.
■ 소다수	적당량

만드는 법 얼음을 넣은 콜린스 글라스에 소다수를 제외한 모든 재료를 넣고 젓는다. 소다수를 채운 뒤 젓고, 기호에 따라 슬라이스 레몬과 마라스키노 체리를 장식한다

전설의 바텐더 존 콜린스가 만든 칵테일. 애초에는 진을 사용했지만, 현재는 진 베이스를 톰 콜린스, 위스키 베이스를 존 콜린스라 부른다.

14도 | 미디엄 | 빌드
올데이 | 콜린스 글라스

태양 아래서 마시고 싶은 신선한 칵테일

California Lemonade
캘리포니아 레모네이드

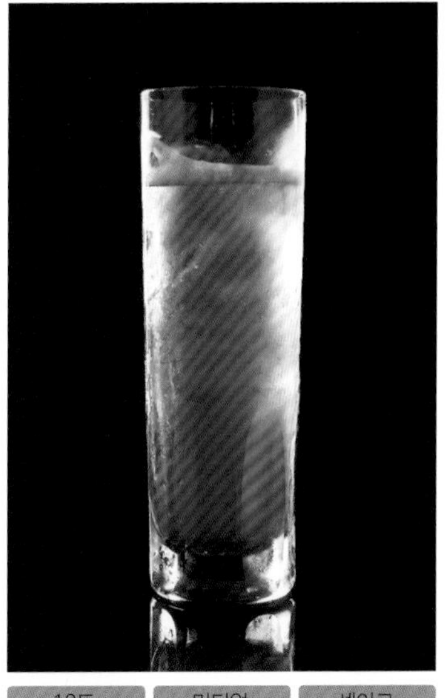

재료

■ 버번 위스키	45㎖
■ 레몬 주스	20㎖
■ 라임 주스	10㎖
■ 그레나딘 시럽	1tsp.
■ 설탕	1tsp.
■ 소다수	적당량

만드는 법 소다수를 제외한 모든 재료를 셰이크해서 콜린스 글라스에 따른다. 얼음을 넣고 소다수로 채운 다음에 가볍게 젓는다.

캘리포니아의 태양을 떠올리게 하는, 미국에서 탄생한 칵테일. 버번 외에도 라이, 캐나디안 등으로 만들어도 좋다.

10도 | 미디엄 | 셰이크
올데이 | 콜린스 글라스

25도 | 미디엄스위트 | 셰이크
올데이 | 칵테일 글라스

버번 위스키의 독특한 풍미를 맛본다

Kentucky
켄터키

재료

재료	분량
■ 버번 위스키	50㎖
■ 파인애플 주스	30㎖

만드는 법 셰이커에 모든 재료와 얼음을 넣고 셰이크한다. 차가운 칵테일 글라스에 따른다.

버번 위스키의 발상지, 버번 카운티가 있는 켄터키 주와 인연이 있는 칵테일. 파인애플 주스의 단맛과 신맛으로 마시기 좋게 마무리하여, 버번 위스키의 깊은 맛과 향을 끌어올렸다. 입맛이 부드러워 마시기 좋다.

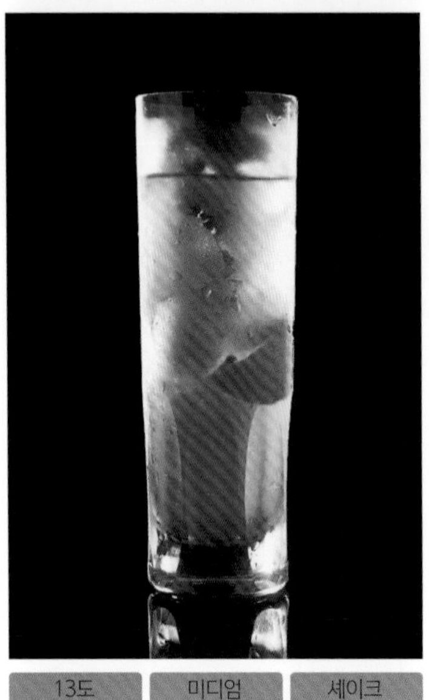

13도 | 미디엄 | 셰이크
올데이 | 콜린스 글라스

하일랜드의 산맥으로 떠난다

Highland Cooler
하일랜드 쿨러

재료

재료	분량
■ 스카치 위스키	45㎖
■ 레몬 주스	15㎖
■ 설탕	1tsp.
■ 앙고스투라 비터스	2dash
■ 진저에일	적당량

만드는 법 진저에일을 제외한 모든 재료를 셰이크하여 콜린스 글라스에 따른다. 얼음을 더하고, 진저에일로 채운 다음 가볍게 젓는다. 기호에 따라 커트 레몬을 넣는다.

레몬 주스와 진저에일의 상쾌함이 스코틀랜드의 공기를 느끼게 해준다.

클로브의 효능으로 차가운 몸을 따뜻하게

Hot Whisky Toddy
핫 위스키 토디

재료

■ 라이 위스키	45㎖
■ 각설탕	1개
■ 뜨거운 물	적당량
■ 슬라이스 레몬	1개
■ 클로브	2~3알

만드는 법 핫 글라스에 위스키와 각설탕을 넣고 뜨거운 물로 채운다. 슬라이스 레몬과 클로브를 넣는다. 시나몬 스틱을 더해도 좋다.

술에 찬물이나 뜨거운 물을 넣고 설탕을 더한 스타일을 토디라 한다. 위스키 토디에 슬라이스 레몬을 넣고 마시기 좋게 마무리한다.

10도 | 미디엄 | 빌드
올데이 | 핫 글라스

중후한 향으로 마시는 사람을 유혹한다

Hunter
헌터

재료

■ 라이 위스키	60㎖
■ 체리 브랜디	20㎖

만드는 법 얼음을 넣은 믹싱 글라스에 모든 재료를 넣고 스터한다. 스트레이너를 씌워 칵테일 글라스에 따른다.

'사냥꾼'이라는 이름의 이 칵테일은 위스키와 체리 브랜디의 중후한 조합이 특징이다. 부드럽게 감싸줄 듯한 체리 브랜디의 달콤함에 유혹되기 쉬운데, 알코올 도수가 높으니 저격당하지 않게 주의할 것.

32도 | 스위트 | 스터
올데이 | 칵테일 글라스

Brandy Cocktail

브랜디 베이스

향이 풍부하고, 입에서 매끄럽게 넘어가는 브랜디.
포도뿐만 아니라 사과, 체리 등 다양한 과일로 만듭니다.
브랜디 베이스 칵테일은 그 술을 만들어낸 재료의
성질을 지키며 마무리합니다.

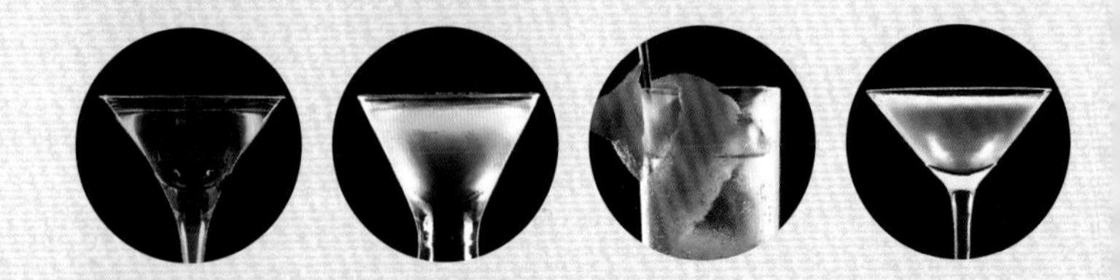

[차 례]

대표 황태자비에게 바친 달콤한 칵테일

Alexander 알렉산더

재료

재료	분량
브랜디	40 ㎖
카카오 리큐어(브라운)	20 ㎖
생크림	20 ㎖

만드는 법 셰이커에 모든 재료와 얼음을 넣고 셰이크한다. 칵테일 글라스에 따른다.

영국의 황태자 에드워드 7세의 결혼을 기념하기 위해 고안된 것으로, 칵테일 이름은 황태자비의 이름에서 따왔다. 카카오 리큐어와 생크림이 절묘하게 녹아들어, 초콜릿 케이크처럼 마음을 당긴다.

23도 | 스위트 | 셰이크 | 식후 | 칵테일 글라스

대표 민트와 브랜디가 날카로운 인상을 남긴다

Stinger 스팅어

재료

재료	분량
브랜디	55 ㎖
민트 리큐어	25 ㎖

만드는 법 셰이커에 모든 재료와 얼음을 넣고 셰이크한다. 칵테일 글라스에 따른다. 기호에 따라 민트잎으로 장식한다.

스팅어란 찌르는 물건이나 침을 뜻한다. 뉴욕에 있는 레스토랑 콜로니에서 처음 만든 칵테일로, 식후에 어울리는 청량감이 있다. 입속에서 섞여 녹아드는 브랜디의 깊은 맛과, 페퍼민트의 상쾌한 자극이 인상적이다.

32도 | 미디엄 | 셰이크 | 식후 | 칵테일 글라스

대표 프루티한 맛으로 사랑받는

Side Car
사이드카

재료

브랜디	40 mℓ
오렌지 리큐어(화이트)	20 mℓ
레몬 주스	20 mℓ

만드는 법 셰이커에 모든 재료와 얼음을 넣고 셰이크한다. 칵테일 글라스에 따른다.

레몬 주스와 오렌지 리큐어의 신선한 산미와 프루티한 맛이 특징인, 프랑스 출신의 칵테일. 셰이크 스타일의 기본형으로 만드는 심플한 레시피이지만, 선택하는 술에 따라, 넣는 분량에 따라 생겨나는 차이가 흥미롭다.

30도 | 미디엄 | 셰이크
올데이 | 칵테일 글라스

취침 전에 꼭 맞는, 잠자리 술의 대표

Night Cap
나이트 캡

25도 | 스위트 | 셰이크
올데이 | 칵테일 글라스

재료

재료	분량
■ 브랜디	25㎖
■ 아니스 리큐어	25㎖
■ 오렌지 리큐어	25㎖
■ 계란 노른자	1개분

만드는 법 셰이커에 모든 재료와 얼음을 넣고 충분히 셰이크한다. 칵테일 글라스에 따른다.

나이트 캡은 잠 들기 전에 마시는 술. 오렌지 리큐어와 아니스로 만든 리큐어가 브랜디의 단맛을 다잡아준다. 자양강장에 좋은 계란 노른자를 사용하기 때문에 피로한 사람에게도 추천.

요염한 그린 칵테일의 유혹

Devil
데블

33도 | 미디엄 | 셰이크
식후 | 칵테일 글라스

재료

재료	분량
■ 브랜디	50㎖
■ 페퍼민트 리큐어(그린)	30㎖

만드는 법 셰이커에 모든 재료와 얼음을 넣고 셰이크한다. 칵테일 글라스에 따른다.

짙은 브랜디에 상쾌한 그린 민트 리큐어를 더하여 만든 청량감 있는 한잔. 카운터에 비치는 생생한 색조도 눈을 즐겁게 해준다. 알코올 도수가 높으므로, 악마에게 유혹당하더라도 자기 페이스는 잃지 않도록 조심할 것.

늦은 밤에 맛보고 싶은 어른스러운 한잔

Between the Sheets
비트윈 더 시트

32도 | 미디엄 | 셰이크
올데이 | 칵테일 글라스

재료

■ 브랜디	25㎖
■ 화이트 럼	25㎖
■ 오렌지 리큐어(화이트)	25㎖
■ 레몬 주스	1tsp.

만드는 법 셰이커에 모든 재료와 얼음을 넣고 셰이크한다. 칵테일 글라스에 따른다.

'잠자리에 든다'는 뜻의 어른스러운 이름의 칵테일. 브랜디에 화이트 럼, 오렌지 리큐어를 섞어 알코올 도수 높은 조합이 만들어졌다. 잠자리 술로도 좋다.

브랜디와 럼을 좋아한다면

Three Millers
스리 밀러스

40도 | 드라이 | 셰이크
올데이 | 칵테일 글라스

재료

■ 브랜디	45㎖
■ 라이트 럼	25㎖
■ 그레나딘 시럽	1tsp.
■ 레몬 주스	1dash

만드는 법 셰이커에 모든 재료와 얼음을 넣고 셰이크한다. 칵테일 글라스에 따른다.

럼의 향으로 브랜디를 돋보이게 하고, 레몬의 산미와 그레나딘 시럽의 단맛을 더한 세련된 맛. 알코올 도수가 높고, 비교적 드라이한 맛으로, 강한 알코올의 느낌을 좋아하는 사람에게 최적.

25도 | 미디엄스위트 | 셰이크
올데이 | 샴페인 글라스(플루트형)

샴페인을 사용한 멋진 한잔

Chicago
시카고

재료

■ 브랜디	45㎖
■ 오렌지 리큐어	2dash
■ 앙고스투라 비터스	1dash
■ 샴페인	적당량
■ 설탕	적당량

만드는 법 셰이커에 비터스까지의 재료와 얼음을 넣고 셰이크한다. 설탕을 묻힌 스노 스타일의 샴페인 글라스에 따른다. 차가운 샴페인을 부어 채운다.

미국의 대도시 시카고. 설탕으로 만든 스노 스타일 때문에 달콤한 맛이라는 인상을 주지만, 샴페인의 탄산 덕분에 말끔하고 마시기 좋다.

20도 | 미디엄 | 셰이크
올데이 | 칵테일 글라스

사과와 레몬의 상큼한 향이 느껴지는

Apple Jack
애플 잭

재료

■ 애플 브랜디	40㎖
■ 레몬 주스	20㎖
■ 그레나딘 시럽	20㎖

만드는 법 셰이커에 모든 재료와 얼음을 넣고 셰이크한다. 칵테일 글라스에 따른다.

애플 잭은 미국산 사과 브랜디의 이름. 사과가 내는 프루티한 향에 레몬의 신맛이 어우러져 산뜻한 맛으로 완성된다. 그레나딘 시럽이 빚어내는 진홍빛이 아름답다.

파리 올림픽을 기념하는 칵테일

Olympic
올림픽

20도 | 미디엄 | 셰이크
올데이 | 칵테일 글라스

재료

재료	분량
브랜디	25 mℓ
오렌지 리큐어	25 mℓ
오렌지 주스	25 mℓ

만드는 법 셰이커에 모든 재료와 얼음을 넣고 셰이크한다. 칵테일 글라스에 따른다.

1900년 파리에서 열린 제2회 올림픽을 기념하여 리츠 호텔에서 만들었다고 전해지는 칵테일. 모든 재료가 1 : 1 : 1이라는 심플한 레시피는, 탄생 이래 변하지 않는 황금 비율로 알려져 있다. 갓 짠 오렌지로 맛보기를 추천.

새콤달콤한 풍미, 장미를 닮은 빛깔

Jack Rose
잭 로즈

20도 | 미디엄 | 셰이크
올데이 | 칵테일 글라스

재료

재료	분량
애플 잭	40 mℓ
라임 주스	20 mℓ
그레나딘 시럽	20 mℓ

만드는 법 셰이커에 모든 재료와 얼음을 넣고 셰이크한다. 칵테일 글라스에 따른다. 기호에 따라 애플 잭을 칼바도스로 바꾸어도 좋다.

선명한 색깔과, 미국산 사과 브랜디인 애플 잭에서 이름이 유래했다. 최고급 사과 브랜디인 프랑스산 칼바도스로 만든 것도 맛보고 싶다.

20도 | 스위트 | 셰이크
식후 | 칵테일 글라스

디저트 느낌의 진한 단맛

Zoom Cocktail
줌 칵테일

재료

■ 브랜디	35㎖
■ 벌꿀	20㎖
■ 생크림	20㎖

만드는법 셰이커에 모든 재료와 얼음을 넣고 충분히 셰이크한다. 칵테일 글라스에 따른다.

줌은 꿀벌의 날갯짓 소리 '붕'을 나타내는 의성어. 벌꿀을 사용한 데에서 이름이 유래했다. 브랜디에 벌꿀과 생크림을 더했기 때문에 진한 단맛이 느껴진다.

28도 | 미디엄 | 스터
올데이 | 칵테일 글라스

'찬가'라는 이름의 인기 칵테일

Carol
캐롤

재료

■ 브랜디	55㎖
■ 스위트 베르무트	25㎖
■ 마라스키노 체리	1개

만드는법 얼음을 넣은 믹싱 글라스에 브랜디와 스위트 베르무트를 넣어 스터한 다음, 칵테일 글라스에 따른다. 칵테일 핀에 마라스키노 체리를 꽂아 장식한다.

브랜디와 베르무트라는 개성 강한 술끼리 만났다. 단맛의 베르무트가 깊은 맛을 끌어올리고, 차분한 빛깔은 어른스러운 분위기를 연출한다.

미스터리한 풍미의 드라이한 칵테일

Corpse Reviver
콥스 리바이버

재료

■ 브랜디	40 mℓ
■ 칼바도스	20 mℓ
■ 스위트 베르무트	20 mℓ

만드는 법 얼음을 넣은 믹싱 글라스에 모든 재료를 넣고 스터한다. 칵테일 글라스에 따른다. 기호에 따라 레몬 필을 짜 넣는다.

콥스 리바이버란 '죽은 자를 되살린다'는 뜻. 같은 이름의 칵테일이 몇 가지 있지만 이 레시피가 가장 인기 있다. 마지막에 레몬 필을 짜 넣으면 단단한 맛으로 마무리된다.

30도 | 드라이 | 스터 | 올데이 | 칵테일 글라스

이름과 달리 파퓰러한 맛

Classic
클래식

재료

■ 브랜디	40 mℓ
■ 오렌지 리큐어	15 mℓ
■ 마라스키노 리큐어	15 mℓ
■ 레몬 주스	15 mℓ
■ 설탕	적당량

만드는 법 셰이커에 설탕을 제외한 모든 재료와 얼음을 넣고 셰이크한다. 설탕을 묻힌 스노 스타일의 칵테일 글라스에 따른다.

이름은 '고전적'이라는 뜻이지만, 그것이 주는 울림과 달리 파퓰러한 맛을 내는 칵테일. 오렌지와 체리의 두 종류 술과, 레몬 주스가 좋은 균형감을 이룬다.

26도 | 미디엄 | 셰이크 | 식후 | 칵테일 글라스

32도 | 스위트 | 빌드
올데이 | 올드 패션드 글라스

깊이 있는 단맛

French Connection
프렌치 커넥션

재료

재료	분량
■ 브랜디	45 mℓ
■ 아마레토	15 mℓ

만드는 법 얼음을 넣은 올드 패션드 글라스에 모든 재료를 따른다. 가볍게 젓는다.

마약 수사를 그린 미국 영화 〈프렌치 커넥션〉에서 이름을 따왔다. 아몬드 씨로 만든 이탈리아산 리큐어 아마레토를 사용한 심플한 한잔. 브랜디 대신 위스키 베이스로 만들면 갓파더(p.134)가 된다.

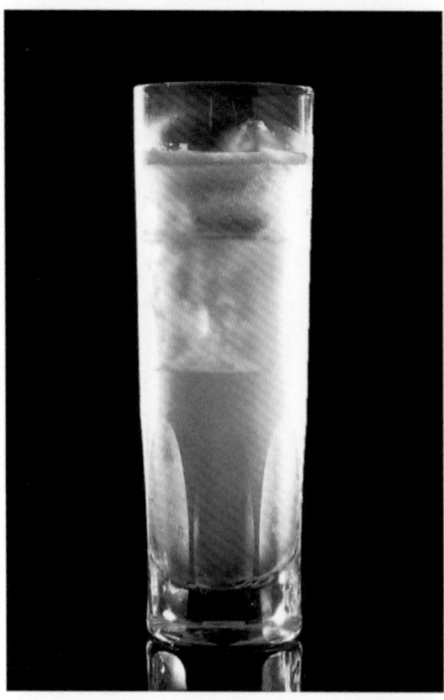

12도 | 미디엄 | 셰이크
올데이 | 콜린스 글라스

더위를 날려버리는 소다수를 사용한 한잔

Havard Cooler
하버드 쿨러

재료

재료	분량
■ 애플 브랜디	45 mℓ
■ 레몬 주스	20 mℓ
■ 설탕	1tsp.
■ 소다수	적당량

만드는 법 셰이커에 소다수를 제외한 모든 재료와 얼음을 넣고 셰이크한다. 얼음을 넣은 콜린스 글라스에 따른다. 차가운 소다수로 채운 뒤 가볍게 젓는다.

애플 브랜디의 단맛과 레몬 주스의 신맛이 훌륭하게 조화를 이룬다. 소다수를 섞어 입맛 당기는 시원함으로 마무리한다.

풍부한 개성이 모인 밀월을 맛보다

Honeymoon

허니문

25도 | 미디엄 | 셰이크
올데이 | 칵테일 글라스

재료

재료	분량
애플 브랜디	25㎖
베네딕틴	25㎖
레몬 주스	25㎖
오렌지 리큐어	3dash

만드는 법 셰이커에 모든 재료와 얼음을 넣고 셰이크한다. 칵테일 글라스에 따른다.

현존하는 가장 오래된 레시피로 만든 리큐어인 베네딕틴이 지닌 독특한 단맛에 사과와 레몬, 오렌지를 더해 풍부한 맛을 낸다. 사랑하는 두 사람이 행복한 미래를 꿈꾸게 하는 한잔.

레몬 껍질로 말의 머리를 만든

Horse's Neck

호스넥

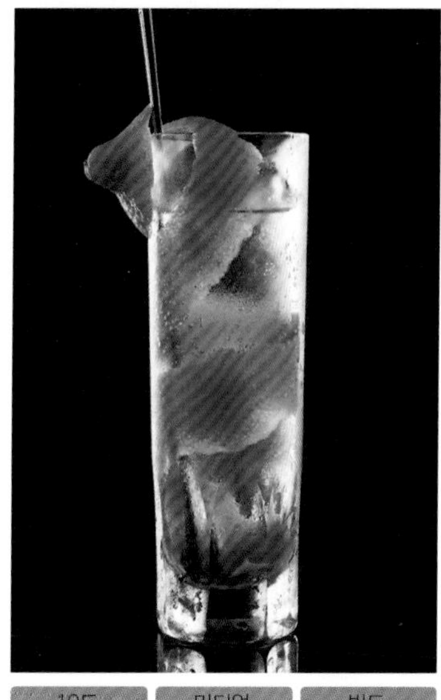

10도 | 미디엄 | 빌드
올데이 | 콜린스 글라스

재료

재료	분량
브랜디	45㎖
진저에일	적당량
레몬 껍질	1개분

만드는 법 돌려 깎기를 한 레몬 껍질을 콜린스 글라스에 장식하고, 얼음을 넣은 다음 브랜디를 따른다. 차가운 진저에일을 붓고 가볍게 젓는다.

호스넥이란 '말의 머리'를 말하는데, 돌려 깎기를 한 레몬 껍질이 말을 닮았다. 브랜디를 진저에일로 묽게 하는 것만으로 가볍게 마시기 좋게 완성된다.

Liqueur Cocktail

리큐어 베이스

'액체의 보석'이라고 불리는 리큐어는
아름다운 색깔과, 재료마다 다른 풍미를 지닌 혼성주입니다.
각각의 개성을 살림으로써 단맛, 쓴맛, 신맛의
균형을 다채롭게 만들 수 있는 술입니다.
여기서는 리큐어의 재료에 따라 믹스 계열, 과일 계열,
허브·스파이스 계열, 너트·씨앗·핵과 계열, 특수 계열로
분류하여 레시피를 소개합니다.

[차 례]

대표 복숭아와 오렌지의 최상의 결합

Fuzzy Navel

퍼지 네이블

재료

재료	분량
피치 리큐어	45㎖
오렌지 주스	적당량

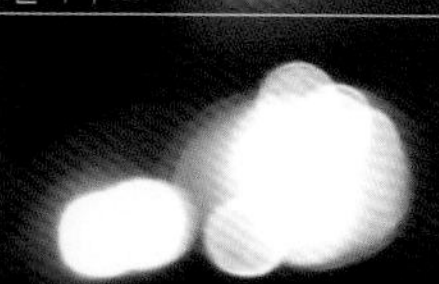

만드는 법 얼음을 넣은 올드 패션드 글라스에 피치 리큐어를 따른다. 오렌지 주스를 붓고 젓는다.

퍼지는 '흐릿하다'는 뜻으로, 취해서 머리가 몽롱한 상태를 가리킨다. 네이블은 '배꼽'을 말하는데, 네이블 오렌지에 배꼽이 있기 때문에 그렇게 부른다. 피치 리큐어와 오렌지 주스의 프루티한 달콤함이 친해지기 쉬운 맛을 낸다.

5도 | 스위트 | 빌드

올데이 | 올드 패션드 글라스

대표 '희극왕'에게 어울리는 경쾌한 맛

Charlie Chaplin
찰리 채플린

재료

재료	분량
아프리콧 브랜디	20 ㎖
슬로 진	20 ㎖
레몬 주스	20 ㎖

만드는 법 셰이커에 모든 재료와 얼음을 넣고 셰이크한다. 얼음을 넣은 올드 패션드 글라스에 따른다.

'희극왕' 찰리 채플린의 이름이 붙은 한잔. 아프리콧 브랜디의 달콤함에 슬로 진, 레몬 주스를 섞어 채플린의 영화와 같은 새콤달콤하고 경쾌한 마무리로.

26도 | 미디엄스위트 | 셰이크 | 올데이 | 올드 패션드 글라스

대표 커피와 바닐라의 풍부한 향

Kahlua & Milk
칼루아 밀크

재료

재료	분량
칼루아	45 ㎖
우유	적당량

만드는 법 얼음을 넣은 올드 패션드 글라스에 칼루아를 따른다. 우유를 붓고 가볍게 젓는다.

칼루아에 우유만을 더한 심플한 칵테일. 남녀 불문하고 사랑받는 이유는 칼루아의 풍미를 돋보이게 하는 달콤하고 마시기 좋은 맛 때문. 칼루아는 아라비카 커피 원두를 주원료로 한 커피 리큐어의 하나로, 바닐라 향이 함유되어 있다.

10도 | 스위트 | 빌드 | 식후 | 올드 패션드 글라스

28도	스위트	빌드
식후	리큐어 글라스	

끌리는 색깔부터 마시는

Rainbow
레인보우

재료

■ 그레나딘 시럽	1/7잔
■ 아니스 리큐어	1/7잔
■ GET27 민트(그린)	1/7잔
■ 파르페 아무르	1/7잔
■ 오렌지 리큐어(블루)	1/7잔
■ 샤르트뢰즈(그린)	1/7잔
■ 브랜디	1/7잔

만드는 법 그레나딘 시럽부터 순서대로 잔의 7분의 1 분량만큼 플로트 기법으로 따른다.

7가지 재료가 무지개처럼 아름다운 매력인 한잔. 섞지 말고 스트로를 이용해 좋아하는 층부터 마신다.

26도	스위트	빌드
식후	리큐어 글라스	

세 가지 재료가 빚어낸 칵테일의 연합 왕국

Union Jack
유니언 잭

재료

■ 그레나딘 시럽	1/3잔
■ 마라스키노 리큐어	1/3잔
■ 샤르트뢰즈(그린)	1/3잔

만드는 법 바 스푼의 등을 사용하여 재료를 그레나딘 시럽, 마라스키노 리큐어, 샤르트뢰즈 순서로 넣는다. 플로트 기법을 이용해 3분의 1 분량씩 채운다.

유니언 잭은 영국 국기를 가리키는데, 잉글랜드, 스코틀랜드, 아일랜드의 기가 조합된 형태이다. 이 칵테일도 마찬가지로 세 가지 재료를 조합하여 아름다운 3층을 만든다.

리치와 스푸모니의 상쾌한 만남

Ditamoni

디타모니

재료

재료	분량
■ 디타	30㎖
■ 자몽 주스	30㎖
■ 토닉워터	적당량

만드는 법 얼음을 넣은 콜린스 글라스에 토닉워터를 제외한 재료를 넣고 젓는다. 차가운 토닉워터로 채운 다음 가볍게 젓는다.

스푸모니(p.170)의 변형으로, '디타 스푸모니'라고도 부른다. 리치의 단맛이 느껴지는 디타 리큐어에 자몽과 토닉워터를 더해 산뜻한 풍미로 깔끔한 맛을 선사한다.

5도 | 스위트 | 빌드
올데이 | 콜린스 글라스

스칼릿과 상대를 이루는 칵테일

Rhett Butler

레트 버틀러

재료

재료	분량
■ 서던 컴포트	25㎖
■ 그랑 마르니에	25㎖
■ 라임 주스	15㎖
■ 레몬 주스	15㎖

만드는 법 셰이커에 모든 재료와 얼음을 넣고 셰이크한다. 칵테일 글라스에 따른다.

레트 버틀러는 소설 <바람과 함께 사라지다>의 주인공인 스칼릿의 반려자. 스칼릿 오하라(p.161)와 마찬가지로 서던 컴포트가 베이스. 최고급 오렌지 리큐어 그랑 마르니에는 명가 출신의 버틀러에게 잘 어울린다.

26도 | 스위트 | 셰이크
식후 | 칵테일 글라스

8도 | 미디엄 | 셰이크
올데이 | 텀블러

피즈 스타일의 붉은 보석

Ruby Fizz
루비 피즈

재료

■ 슬로 진	45㎖
■ 레몬 주스	20㎖
■ 그레나딘 시럽	1tsp.
■ 설탕	1tsp.
■ 계란 흰자	1개분
■ 소다수	적당량

만드는 법 소다수를 제외한 재료를 넣고 충분히 셰이크한다. 얼음을 넣은 텀블러에 따른다. 소다수로 채운 다음 가볍게 젓는다.

얼음이 든 잔을 가득 채운 짙은 분홍색이 루비처럼 아름답다. 달콤하게 기분 좋은 목넘김을 즐길 수 있게 해준다.

15도 | 스위트 | 셰이크
식후 | 칵테일 글라스

향기로운 오렌지 향으로 가득 채워지는

Valencia
발렌시아

재료

■ 아프리콧 브랜디	55㎖
■ 오렌지 주스	25㎖
■ 오렌지 비터스	2dash

만드는 법 셰이커에 모든 재료와 얼음을 넣고 셰이크한다. 칵테일 글라스에 따른다.

발렌시아는 에스파냐의 지명으로, 오렌지가 많이 난다. 그 이름에 어울리게 주스와 비터스가 내뿜는 짙은 오렌지의 풍미가 즐거움을 선사한다. 아프리콧 브랜디가 오렌지의 풍미를 더욱 끌어올린다. 스위트한 맛에 알코올 도수가 낮아 술이 약한 이에게 추천.

푸른 옷이 잘 어울리는 아름다운 숙녀

Blue Lady
블루 레이디

재료

■ 오렌지 리큐어(블루)	40 ㎖
■ 드라이진	20 ㎖
■ 레몬 주스	20 ㎖
■ 계란 흰자	1개분

만드는 법 셰이커에 모든 재료와 얼음을 넣고 충분히 셰이크한다. 칵테일 글라스에 따른다.

진 베이스로 만드는 핑크 레이디(p.82)를 변형한 칵테일. 은은한 물색이 감도는 거품은 계란 흰자를 강하게 셰이크하여 생긴 것. 달콤한 리큐어를 부드럽게 해준다.

17도 | 미디엄 | 셰이크
올데이 | 칵테일 글라스

칵테일 판 <바람과 함께 사라지다>

Scarlette O'hara
스칼릿 오하라

재료

■ 서던 컴포트	35 ㎖
■ 크랜베리 주스	25 ㎖
■ 레몬 주스	15 ㎖

만드는 법 셰이커에 모든 재료와 얼음을 넣고 셰이크한다. 칵테일 글라스에 따른다.

미국 남북전쟁 시대를 그린 소설 <바람과 함께 사라지다>의 주인공 이름을 딴 칵테일. 무대가 되는 미국 남부산 서던 컴포트를 베이스로 한다. 아름답고 붉은 색채는 정열적인 인생을 산 주인공을 떠올리게 한다.

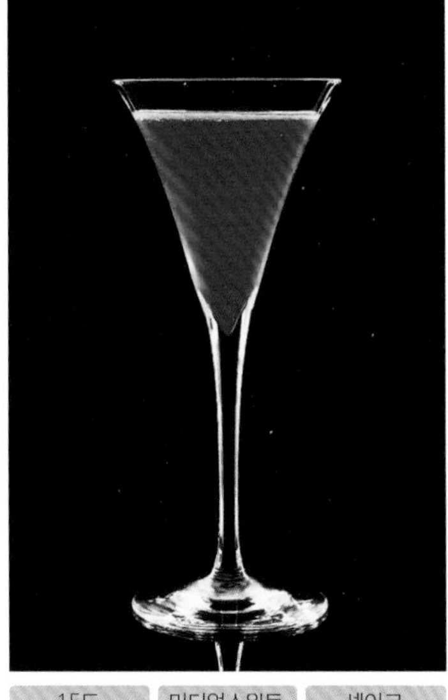

15도 | 미디엄스위트 | 셰이크
올데이 | 칵테일 글라스

14도 | 미디엄 | 셰이크
올데이 | 텀블러

달콤하게 마무리한 슬로베리의 진 피즈

Sloe Gin Fizz

슬로 진 피즈

재료

■ 슬로 진	45㎖
■ 레몬 주스	20㎖
■ 설탕 시럽	2tsp.
■ 소다수	적당량

만드는 법 ▶ 소다수를 제외한 재료를 셰이크하여 텀블러에 따른다. 얼음을 더하고 차가운 소다수로 채운 다음, 가볍게 젓는다.

슬로 진은 서양 자두의 일종인 슬로베리의 리큐어. 단맛이 있기 때문에 피즈 스타일의 상쾌한 맛으로 마무리하면 칵테일을 즐기는 폭이 훨씬 넓어진다.

13도 | 미디엄 | 셰이크
올데이 | 칵테일 글라스

아프리콧을 만끽할 수 있는 칵테일

Apricot Cocktail

아프리콧 칵테일

재료

■ 아프리콧 브랜디	40㎖
■ 오렌지 주스	20㎖
■ 레몬 주스	20㎖
■ 드라이진	1tsp.

만드는 법 ▶ 셰이커에 모든 재료와 얼음을 넣고 셰이크한다. 칵테일 글라스에 따른다.

아프리콧 브랜디는 브랜디에 살구를 절여 넣은 프루티한 리큐어. 오렌지와 레몬이 아프리콧의 부드러운 맛과 향을 두드러지게 해준다.

상쾌한 쿨러 스타일

Apricot Cooler

아프리콧 쿨러

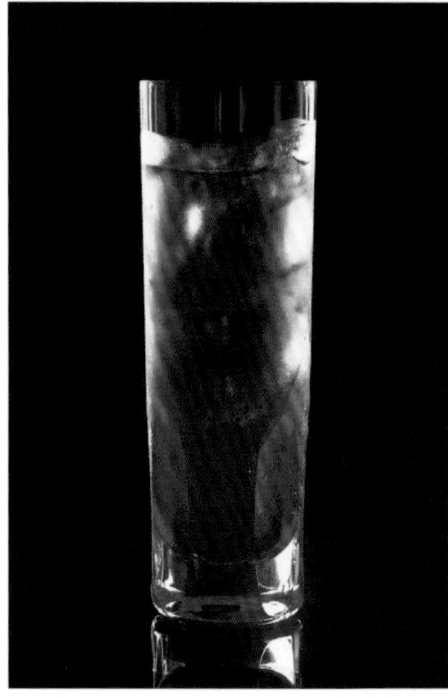

재료

재료	분량
■ 아프리콧 브랜디	45㎖
■ 레몬 주스	20㎖
■ 그레나딘 시럽	1tsp.
■ 소다수	적당량

만드는 법 소다수를 제외한 재료들을 셰이크해서 얼음 넣은 콜린스 글라스에 따른다. 차가운 소다수로 채운 뒤 가볍게 젓는다.

아프리콧과 레몬의 프루티한 산뜻함이 입안을 가볍게 만들어준다. 더운 날에는 크러시드 아이스를 넣어서 보는 눈도, 마시는 입도 청량감 넘치는 스타일로 만들어보자.

5도 | 미디엄 | 셰이크
올데이 | 콜린스 글라스

저녁 식사 후에 입가심으로 마시고 싶다

After Dinner

애프터 디너

재료

재료	분량
■ 아프리콧 브랜디	30㎖
■ 오렌지 리큐어	30㎖
■ 라임 주스	20㎖

만드는 법 셰이커에 모든 재료와 얼음을 넣고 셰이크한다. 칵테일 글라스에 따른다.

질 좋은 산미가 위를 말끔하게 해주어서 식후주로 알맞다. 위의 레시피는 미국에서 쓰는 것이고, 유럽에서는 프루넬(자두) 브랜디, 체리 브랜디, 레몬 주스를 같은 양으로 섞어서 셰이크하는 레시피를 따른다.

22도 | 미디엄스위트 | 셰이크
식후 | 칵테일 글라스

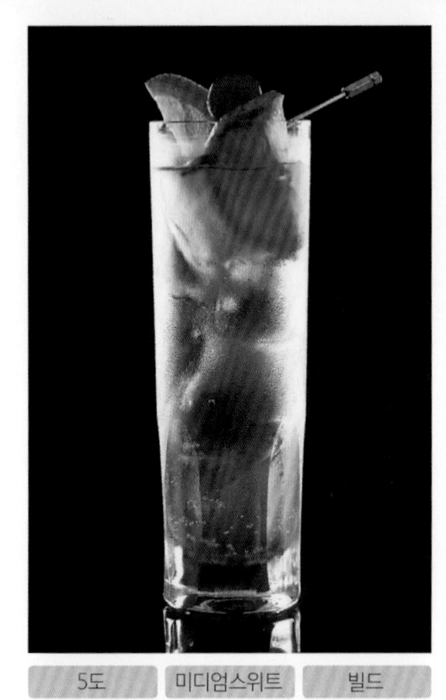

5도 | 미디엄스위트 | 빌드
올데이 | 콜린스 글라스

프루티한 맛이 마음을 평화롭게

Georgia Collins

조지아 콜린스

재료

■ 서던 컴포트	40 ㎖
■ 레몬 주스	20 ㎖
■ 세븐업	적당량

만드는 법 얼음을 넣은 콜린스 글라스에 서던 컴포트와 레몬 주스를 넣고 젓는다. 세븐업으로 채운 다음 가볍게 젓는다. 기호에 따라 슬라이스 오렌지, 슬라이스 레몬, 마라스키노 체리를 장식한다.

톰 콜린스(p.82)를 변형한 것. 서던 컴포트를 프루티하게 마무리했다. 과일 장식을 하면 과일 느낌이 한층 더해진다.

12도 | 미디엄 | 셰이크
올데이 | 칵테일 글라스

양귀비가 사랑한 리치에 자몽을 더하다

China Blue

차이나 블루

재료

■ 디타	30 ㎖
■ 자몽 주스	45 ㎖
■ 오렌지 리큐어(블루)	10 ㎖

만드는 법 셰이커에 모든 재료와 얼음을 넣고 셰이크한다. 칵테일 글라스에 따른다.

리치 리큐어인 디타는 자몽 주스와 잘 어울려 산뜻한 맛을 낸다. 당나라 황제 현종이 총애했던 양귀비가 리치를 사랑했다고 한다. 오렌지 리큐어가 신비한 푸른색을 빚어낸다.

청량감이 배가된 최고의 걸작

Cuba Libre Supreme

쿠바 리브레 슈프림

재료

■ 서던 컴포트	40 ㎖
■ 라임	1/2개
■ 콜라	적당량

만드는 법 ▶ 텀블러에 라임을 짜 넣고, 서던 컴포트를 따른다. 얼음을 넣고, 차가운 콜라를 채운 뒤 가볍게 젓는다.

쿠바 리브레(p.106)를 변형한 것. 럼 대신에 과일과 향신료로 만든 서던 컴포트를 사용한다. 세련된 청량감이 감도는 맛이다.

12도 | 스위트 | 빌드
올데이 | 텀블러

체리와 카시스의 새콤달콤함이 매력

Kirsch Cassis

키르슈 카시스

재료

■ 키르슈	30 ㎖
■ 카시스 리큐어	30 ㎖
■ 소다수	적당량

만드는 법 ▶ 얼음을 넣은 텀블러에 키르슈와 카시스 리큐어를 붓고 젓는다. 차가운 소다수로 채운다.

키르슈는 독일어로 '체리'를 가리킨다. 체리 리큐어와 카시스 리큐어의 새콤달콤함, 소다수의 깔끔함이 최고의 조화를 이룬다. 카시스 리큐어의 발상지인 프랑스에서 인기가 높은 칵테일.

11도 | 미디엄 | 빌드
올데이 | 텀블러

20도 | 미디엄스위트 | 셰이크
올데이 | 칵테일 글라스

진주만의 에메랄드그린이 비치는

Pearl Harbour

펄 하버

재료

재료	분량
■ 멜론 리큐어(미도리)	35 mℓ
■ 보드카	20 mℓ
■ 파인애플 주스	20 mℓ

만드는 법 셰이커에 모든 재료와 얼음을 넣고 셰이크한다. 칵테일 글라스에 따른다.

하와이 오아후 섬에 있는 진주만(펄 하버)은 태평양 전쟁에서 일본이 기습 공격한 곳으로 잘 알려져 있다. 진주만을 표현하는 에메랄드그린은 멜론 리큐어의 색감. 전쟁과는 거리가 먼 달콤한 맛이 입안에 퍼진다.

6도 | 스위트 | 셰이크
올데이 | 칵테일 글라스

싱싱한 복숭아가 입안에 녹아든다

Peach Blossom

피치 블로섬

재료

재료	분량
■ 피치 리큐어	40 mℓ
■ 오렌지 주스	40 mℓ
■ 레몬 주스	1tsp.
■ 그레나딘 시럽	1tsp.

만드는 법 셰이커에 모든 재료와 얼음을 넣고 셰이크한다. 칵테일 글라스에 따른다.

싱싱한 복숭아의 단맛에 감귤류 주스를 더하여 산뜻한 맛으로 완성. 그레나딘 시럽을 더하여 우아한 색감과 더 진한 단맛을 만들어낸다.

녹아들 듯한 단맛이 꿈의 세계로

Golden Dream

골든 드림

재료

■ 갈리아노	20㎖
■ 오렌지 리큐어(화이트)	20㎖
■ 오렌지 주스	20㎖
■ 생크림	20㎖

만드는 법 셰이커에 모든 재료와 얼음을 넣고 충분히 셰이크한다. 칵테일 글라스에 따른다.

이탈리아산 리큐어인 갈리아노에 오렌지 리큐어와 오렌지 주스를 섞어 향기로운 한잔이 완성된다. 부드러운 생크림과 어우러져 화려한 꿈을 꾸는 듯한 입맛.

16도 | 스위트 | 셰이크

식후 | 칵테일 글라스

금빛 고급 승용차를 모는 기분으로

Golden Cadillac

골든 캐딜락

재료

■ 갈리아노	25㎖
■ 카카오 리큐어	25㎖
■ 생크림	25㎖

만드는 법 셰이커에 모든 재료와 얼음을 넣고 충분히 셰이크한다. 칵테일 글라스에 따른다.

캐딜락은 미국의 고급 승용차. 그래스호퍼(p.168)에서 민트 리큐어를 갈리아노로 바꾸면 메뚜기가 고급 승용차로 바뀐다. 허브를 원료로 한 황금색 갈리아노가 화려한 맛을 낸다.

18도 | 스위트 | 셰이크

식후 | 칵테일 글라스

15도 | 스위트 | 셰이크
식후 | 칵테일 글라스

풀밭을 뛰노는 메뚜기처럼 상쾌하게

Grasshopper
그래스호퍼

재료

- 민트 리큐어(그린) 25㎖
- 카카오 리큐어(화이트) 25㎖
- 생크림 25㎖

만드는법 셰이커에 모든 재료와 얼음을 넣고 충분히 셰이크한다. 칵테일 글라스에 따른다.

'메뚜기'라는 뜻의 이 칵테일은 민트의 산뜻한 향이 풀밭 위로 부는 바람과 같은 상쾌함을 전해준다. 카카오 리큐어와 어우러져 마치 초코민트 아이스를 마시는 게 아닌가 싶을 정도. 식후에 마시면 좋다.

17도 | 스위트 | 빌드
식후 | 샴페인 글라스(소서형)

눈도 입도 시원해지는 여름 칵테일

Mint Frappe
민트 프라페

재료

- 민트 리큐어(그린) 30~45㎖

만드는법 소서형 샴페인 글라스(혹은 대형 칵테일 글라스)에 크러시드 아이스를 수북이 담고, 민트 리큐어를 따라 스트로를 꽂는다. 기호에 따라 민트잎을 얹는다.

프라페란 프랑스어로 '얼음으로 차가워지다'라는 뜻. 크러시드 아이스 위로 투명감 있는 초록빛 민트 리큐어를 따르면 눈부터 저절로 시원해지는 칵테일이 된다. 민트의 산뜻한 맛은 더운 여름날에 딱 들어맞는다.

제비꽃처럼 귀엽고 사랑스러운

Violet Fizz

바이올렛 피즈

재료

■ 파르페 아무르	45 ㎖
■ 레몬 주스	20 ㎖
■ 설탕	2tsp.
■ 소다수	적당량

만드는 법 소다수를 제외한 모든 재료를 셰이크해서 얼음을 넣은 텀블러에 따른다. 차가운 소다수로 채워 가볍게 젓는다.

귀여운 제비꽃을 닮은 자줏빛이 인상적인 피즈 스타일의 칵테일. 바이올렛 리큐어인 파르페 아무르를 이용한 대표적인 칵테일로, 맛과 향을 마음껏 느껴보고 싶다.

6도 | 미디엄 | 셰이크
올데이 | 텀블러

피카소도 사랑했던 리큐어를 사용한

Suze Tonic

쉬즈 토닉

재료

■ 쉬즈	45 ㎖
■ 토닉워터	적당량

만드는 법 얼음을 넣은 텀블러에 쉬즈를 따른다. 차가운 토닉워터로 채운 뒤 가볍게 젓는다.

쉬즈와 토닉워터만의 심플한 레시피로, 쉬즈의 풍미를 제대로 느끼게 해준다. 프랑스산 리큐어인 쉬즈는 용담과의 약초인 겐티아나를 사용하여 쓴맛을 낸다. 피카소는 쉬즈의 병을 그릴 정도로 즐겨 마셨다고 한다.

5도 | 미디엄 | 빌드
식전 | 텀블러

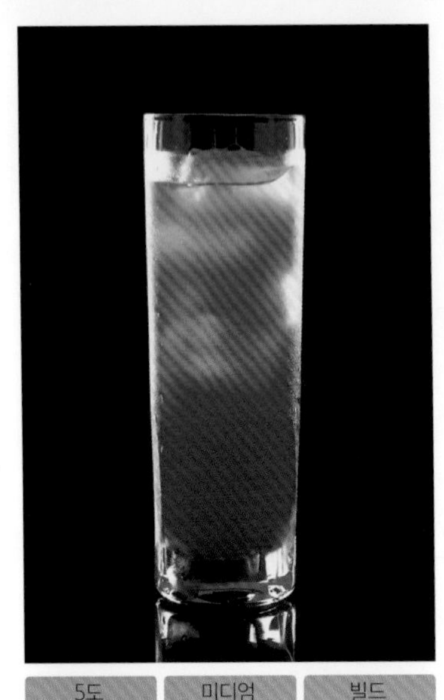

5도 | 미디엄 | 빌드
올데이 | 콜린스 글라스

캄파리 소다와 나란히 인기를 누리는

Spumoni
스푸모니

재료

■ 캄파리	30㎖
■ 자몽 주스	45㎖
■ 토닉워터	적당량

만드는 법 얼음을 넣은 콜린스 글라스에 캄파리와 자몽 주스를 넣고 젓는다. 차가운 토닉워터로 채운 뒤 가볍게 젓는다.

이탈리아어로 '거품이 일다'는 뜻인 '스푸모니'에서 이름이 유래했다. 토닉워터의 기포가 캄파리의 쓴맛과 자몽 주스의 신맛을 감싸 북돋운다.

6도 | 미디엄 | 빌드
식전 | 텀블러

소다수로 리큐어의 매력을 이끌어내는

Amer Picon Highball
아메르 피콘 하이볼

재료

■ 아메르 피콘	45㎖
■ 그레나딘 시럽	3dash
■ 소다수	적당량

만드는 법 얼음을 넣은 텀블러에 아메르 피콘과 그레나딘 시럽을 붓고 젓는다. 차가운 소다수로 채운 다음 가볍게 젓는다. 기호에 따라 레몬 필을 그대로 잔에 짜 넣어도 좋다.

아메르 피콘은 프랑스 군인이 만들었다고 하는 약초 리큐어. 소다수와 잘 어울리므로 하이볼을 추천한다.

이탈리아가 만든 달콤쌉쌀한 칵테일

Americano

아메리카노

6도 | 미디엄 | 빌드
식전 | 텀블러

재료

■ 캄파리	30 ㎖
■ 스위트 베르무트	30 ㎖
■ 소다수	적당량

만드는 법 얼음을 넣은 텀블러에 캄파리와 스위트 베르무트를 붓고 젓는다. 차가운 소다수로 채운 다음 가볍게 젓는다. 기호에 따라 레몬 필을 그대로 잔에 짜 넣어도 좋다.

아메리카노란 이탈리아어로 '미국인'을 의미한다. 쌉쌀한 캄파리와 달콤한 베르무트의 조합이 소다수를 만나 깔끔하게 마무리된다.

산뜻한 쓴맛이 세계적으로 사랑받다

Campari & Soda

캄파리 소다

8도 | 미디엄 | 빌드
식전 | 텀블러

재료

■ 캄파리	45 ㎖
■ 소다수	적당량

만드는 법 얼음을 넣은 텀블러에 캄파리를 따른다. 소다수로 채운 뒤 가볍게 젓는다. 기호에 따라 커트 레몬을 그대로 잔에 짜 넣는다.

소다수를 섞기만 하는 심플한 레시피는 캄파리 특유의 쌉쌀하고 달콤한 맛을 만끽하게 해준다. 캄파리를 사용한 칵테일 중 대표격으로, 캄파리 개발자의 아들인 다비드가 만들었다고 전해진다.

8도 | 미디엄 | 빌드
식전 | 텀블러

이탈리아에서 영웅이라 불리는 칵테일

Campari & Orange

캄파리 오렌지

재료

■ 캄파리	45㎖
■ 오렌지 주스	적당량

만드는 법 얼음을 넣은 텀블러에 캄파리를 따른다. 오렌지 주스를 채우고 젓는다. 기호에 따라 슬라이스 오렌지를 장식한다.

이탈리아에서는 이 칵테일을 '가리발디'라고 부르는데, 이탈리아 통일에 앞장선 국민 영웅의 이름이다. 캄파리는 비터 오렌지 등 다양한 재료로 만드는데, 특유의 쌉쌀함은 오렌지 같은 감귤류와 잘 어울리고, 어른스러운 맛을 낸다.

9도 | 미디엄 | 빌드
올데이 | 텀블러

독특한 청량감을 심플하게 즐긴다

Pastis Water

파스티스 워터

재료

■ 파스티스	30㎖
■ 미네랄워터	적당량

만드는 법 얼음을 넣은 텀블러에 파스티스를 따른다. 차가운 미네랄워터로 채운 뒤 가볍게 젓는다.

파스티스는 스타아니스, 회향 등으로 풍미를 내는 약초 계열 리큐어. 호박색 파스티스에 물을 더하면 곧바로 뽀얗게 흐려져 색과 맛을 즐길 수 있는 칵테일이 된다. 스타아니스의 풍미와 독특한 청량감이 매력.

운동 후 갈증을 씻어주는 상쾌함

Boccie Ball

보치 볼

재료

■ 아마레토	30㎖
■ 오렌지 주스	30㎖
■ 소다수	적당량

만드는 법 얼음을 넣은 콜린스 글라스에 아마레토와 오렌지 주스를 따라 젓는다. 차가운 소다수로 채워 가볍게 젓는다.

보치는 이탈리아에서 생겨난 것으로, 공을 사용해 컬링과 비슷하게 즐기는 게임. 역시 이탈리아에서 생겨난 아몬드향의 아마레토에, 오렌지 주스와 소다수를 더해 상쾌한 입맛을 선사한다.

6도 | 미디엄스위트 | 빌드
올데이 | 콜린스 글라스

향기롭고 달콤한 천사의 입맞춤을 당신에게

Angel's Kiss

엔젤스 키스

재료

■ 카카오 리큐어(브라운)	1/4잔
■ 바이올렛 리큐어	1/4잔
■ 프루넬 브랜디	1/4잔
■ 생크림	1/4잔

만드는 법 카카오 리큐어부터 순서대로 따르되, 서로 섞이지 않도록 바 스푼의 등을 이용해 4분의 1만큼씩 플로트 기법으로 쌓아간다.

네 가지 재료가 만들어내는 향기 높은 이 칵테일은, 마치 천사의 입맞춤처럼 부드러운 달콤함을 선사해준다.

18도 | 스위트 | 빌드
식후 | 리큐어 글라스

8도	스위트	빌드
식후	셰리 글라스	

천사가 명중시킨 체리를 얹어서

Angel's Tip
엔젤스 팁

재료

■ 카카오 리큐어(브라운)	3/4잔
■ 생크림	1/4잔
■ 마라스키노 체리	1개

만드는 법 셰리 글라스에 카카오 리큐어를 따르고, 생크림을 띄운다. 칵테일 핀에 마라스키노 체리를 꽂아 잔 위에 걸친다.

생김새가 귀여운 디저트 칵테일. 카카오의 향과 생크림의 매끄러운 단맛을 즐길 수 있다.

8도	미디엄스위트	셰이크
올데이	텀블러	

카카오를 깔끔하게 마시고 싶다면

Cacao Fizz
카카오 피즈

재료

■ 카카오 리큐어(브라운)	45㎖
■ 레몬 주스	20㎖
■ 설탕	1tsp.
■ 소다수	적당량

만드는 법 소다수를 제외한 모든 재료를 셰이크하여 텀블러에 따른다. 얼음을 넣고, 차가운 소다수로 채워 가볍게 젓는다.

카카오의 향에 레몬의 신맛과 소다수의 발포감이 더해져 세련되고 상쾌한 맛으로. 장식을 한다면 카카오 리큐어와 잘 어울리는 마라스키노 체리를 추천.

세 가지 재료가 만들어내는 향기로운 하모니

Cranberry Cooler
크랜베리 쿨러

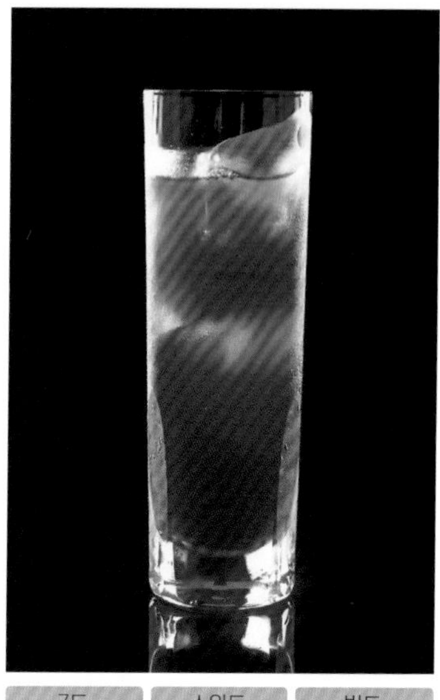

재료

■ 아마레토	45 ㎖
■ 크랜베리 주스	90 ㎖
■ 오렌지 주스	30 ㎖

만드는 법 얼음을 넣은 콜린스 글라스에 모든 재료를 붓고 젓는다.

아몬드 향이 나는 아마레토에, 크랜베리와 오렌지의 프루티한 향의 하모니가 뛰어난 칵테일. 세 가지 재료가 정열적으로 선명한 색채를 만들어낸다. 알코올 도수가 높지 않아 어느 상황에서든 편하게 마실 수 있다.

7도 | 스위트 | 빌드
올데이 | 콜린스 글라스

언 몸을 녹여주는 핫 오렌지

Hot Italian
핫 이탈리안

재료

■ 아마레토	40 ㎖
■ 오렌지 주스	160 ㎖

만드는 법 핫 글라스에 아마레토를 따른다. 데운 오렌지 주스를 더해 젓는다. 머들러 대신으로 시나몬 스틱을 넣어도 좋다.

스크루드라이버(p.98)에서 보드카를 아마레토로 바꾸고, 뜨거운 칵테일로 만든 것. '핫 이탈리안 스크루드라이버'라 부르기도 한다. 열을 가했기 때문에 오렌지의 향이 더욱 높아진다.

5도 | 스위트 | 빌드
올데이 | 핫 글라스

어머니의 손맛을 떠올리게 하는 그리운 단맛

Mother's Touch
마더스 터치

9도	스위트	빌드
식후	핫 글라스	

재료

■ 스트로베리 크림 리큐어	30㎖
■ 카카오 리큐어	20㎖
■ 커피 리큐어	10㎖
■ 뜨거운 물	적당량
■ 생크림	적당량

만드는 법 잔에 커피 리큐어까지의 재료를 넣고, 저으면서 뜨거운 물을 따른다. 휘핑크림을 얹는다. 초콜릿이나 비스킷을 띄워도 좋다.

스트로베리의 새콤달콤함에 카카오와 커피의 풍미가 듬뿍. 부드러운 어머니의 손길을 거친 듯한 달고 따뜻한 칵테일.

계란과 감귤류가 빚어낸 놀라움

Snowball
스노볼

4도	스위트	빌드
올데이	텀블러	

재료

■ 아드보카트	40㎖
■ 라임 주스	1dash
■ 레모네이드	적당량

만드는 법 얼음을 넣은 텀블러에 아드보카트와 라임 주스를 따른다. 레모네이드로 채워 젓는다.

증류주에 계란 노른자를 넣어 만든 아드보카트가 라임 주스와 레모네이드 같은 감귤류를 만나 의외로 조화로운 칵테일을 이룬다. 그 밖에도 탄산음료 등 다양한 희석 재료를 섞으면 놀라운 맛을 만날 수 있다.

칵테일판 이스터 에그

Easter Egg
이스터 에그

재료

■ 초콜릿 크림 리큐어	30㎖
■ 아드보카트	30㎖

만드는 법 얼음을 넣은 올드 패션드 글라스에 모든 재료를 넣고 젓는다.

이스터는 그리스도가 부활한 것을 축하하는 날. 부활절이 되면 색을 칠하여 장식한 계란을 나누는데, 이것이 이스터 에그. 계란의 노른자를 사용한 리큐어인 아드보카트는 달고 부드러운 입맛. 거기에 초콜릿 리큐어를 섞으면 달고 진한 맛으로 완성된다.

17도 | 스위트 | 빌드
식후 | 올드 패션드 글라스

복숭아와 요구르트의 시원스런 한잔

Pecheghurt
페셰거트

재료

■ 요구르트 리큐어	30㎖
■ 피치 리큐어	30㎖
■ 우유	15㎖
■ 자몽 주스	15㎖
■ 그레나딘 시럽	1tsp.

만드는 법 바 블렌더에 모든 재료와 크러시드 아이스를 넣고 블렌드하여 섞어 샴페인 글라스(소서형)에 따른다. 기호에 따라 민트잎으로 장식한다.

페셰는 프랑스어로 복숭아를 가리킨다. 요구르트의 신맛과 복숭아의 단맛이 어우러져 마시기 좋다. 프로즌 스타일로, 여름철 디저트에 알맞다.

11도 | 스위트 | 블렌드
식후 | 샴페인 글라스(소서형)

칼럼

애주가의 엄선 칵테일 2

누구나 즐길 수 있는 칵테일 네 가지를 소개합니다.

딸기가 통째로 올라간 디저트 칵테일

Gorky Park 고리키 파크

26도 | 미디엄스위트 | 블렌드 | 올데이 | 샴페인 글라스(소서형)

재료

재료	분량
■ 보드카	80 ㎖
■ 그레나딘 시럽	2tsp.
■ 딸기	1개

만드는 법 바 블렌더에 모든 재료와 크러시드 아이스를 넣고 블렌드하여 잔에 따른다. 기호에 따라 딸기(분량 외)와 민트잎으로 장식한다.

신선한 딸기와 그레나딘 시럽을 사용해 셔벗 감각으로 즐기는 칵테일. 스트로베리 핑크의 색조가 아름다워서 인기.

환상적인 블루가 아름다운

Fantastic Leman 판타스틱 레만

재료

재료	분량
■ 일본주	30 ㎖
■ 오렌지 리큐어(화이트)	20 ㎖
■ 키르슈바서	1tsp.
■ 레몬 주스	1tsp.
■ 토닉워터	적당량
■ 오렌지 리큐어(블루)	20 ㎖

만드는 법 레몬 주스까지의 재료를 셰이크한다. 얼음을 넣은 잔에 따른다. 토닉워터를 더하고, 오렌지 리큐어(블루)를 가라앉힌다.

10도 | 미디엄 | 셰이크 | 올데이 | 콜린스 글라스

스위스 레만 호의 색을 표현한 한잔. 레몬 주스의 산미가 다른 재료의 단맛을 다잡아준다.

35도 | 미디엄 | 셰이크
올데이 | 올드 패션드 글라스

요코하마에서 태어난 상쾌한 칵테일

Jack Tar
잭 타르

재료

■ 151프루프 럼	30㎖
■ 서던 컴포트	25㎖
■ 라임 주스	25㎖

만드는 법 셰이커에 모든 재료와 얼음을 넣어 셰이크한다. 크러시드 아이스를 넣은 올드 패션드 글라스에 따른다. 기호에 따라 커트 라임을 넣어도 좋다.

알코올 도수가 높은 151프루프 럼을 베이스로 하여, 허브 계열 리큐어인 서던 컴포트와 라임의 풍미로 세련되게 완성한다. 요코하마의 바 '윈드재머'에서 만들어낸 칵테일.

9도 | 스위트 | 셰이크
식후 | 칵테일 글라스

아름답게 되살아나는 달콤한 추억

Sweet Memory
스위트 메모리

재료

■ 살구주	25㎖
■ 아마레토	15㎖
■ 자몽 주스	35㎖

만드는 법 셰이커에 모든 재료와 얼음을 넣고 셰이크한다. 칵테일 글라스에 따른다.

살구주의 맛있는 달콤함에, 아마레토의 아몬드 향과 자몽 주스의 신맛이 기분 좋게 어우러진다. 마시는 순간 새콤달콤하고 근사한 추억이 되살아난다.

Wine Cocktail

와인 베이스

칵테일에 사용되는 와인은 대중적인 레드·화이트 와인뿐만 아니라,
베르무트, 셰리, 샴페인 등 다양합니다.
저마다 맛과 특징이 풍부합니다.

대표 사랑스런 꽃을 닮은 고급 칵테일

Mimosa
미모사

재료

샴페인	40 ㎖
오렌지 주스	40 ㎖

만드는 법 오렌지 주스, 샴페인 순으로 샴페인 글라스에 따른다.

프랑스의 상류 계급 사이에서 '샹파뉴 아 로랑주(Champagne a l'Orange, 오렌지를 넣은 샴페인)'로 불리며 오래전부터 사랑받아온 칵테일. 샴페인과 오렌지 주스의 사치스러운 산뜻한 맛은 세계적으로 인기가 있다. 색깔이 봄을 알리는 귀여운 미모사 꽃을 닮아 이 이름이 붙었다고 한다.

8도	미디엄	빌드
올데이	샴페인 글라스(플루트형)	

대표 좋아하는 와인으로 자유롭게 즐기는 상쾌한 한잔

Wine Cooler
와인 쿨러

재료

와인	85 ㎖
오렌지 리큐어	10 ㎖
그레나딘 시럽	10 ㎖
오렌지 주스	25 ㎖

만드는 법 차가운 와인, 오렌지 주스, 시럽, 리큐어 순으로 샴페인 글라스에 따르고 젓는다.

차가운 와인과 과즙이 청량감을 전한다. 와인은 레드, 화이트, 로제 어떤 것이든 좋다. 색깔을 선명하게 내고 싶다면 레드나 로제 와인을 추천. 과일 장식으로 멋을 내서 마무리해도 좋다.

12도	미디엄	빌드
올데이	샴페인 글라스(플루트형)	

13도	미디엄	빌드
식전	텀블러	

프랑스에서 사랑받는 산뜻한 식전주

Vermouth & Cassis
베르무트 카시스

재료

■ 드라이 베르무트	60㎖
■ 카시스 리큐어	15㎖
■ 소다수	적당량

만드는 법 드라이 베르무트와 카시스 리큐어를 텀블러에 넣는다. 소다수를 붓고 젓는다.

프렌치 베르무트, 퐁피에(프랑스어로 '소방관')라고 불리기도 한다. 프랑스의 국민주인 드라이 베르무트와 카시스 리큐어를 조합하여 적당히 새콤달콤하고 풍미가 강한 맛을 낸다. 프랑스에서 대표적인 식전주.

10도	미디엄	빌드
식전	샴페인 글라스(플루트형)	

화가 벨리니에게 바치는 예술적인 한잔

Bellini
벨리니

재료

■ 스파클링 와인	2/3잔
■ 복숭아 넥타	1/3잔
■ 그레나딘 시럽	1dash

만드는 법 복숭아 넥타와 그레나딘 시럽을 샴페인 글라스에 넣는다. 스파클링 와인을 붓고 젓는다.

스파클링 와인과 복숭아 넥타가 산뜻한 단맛을 연출. 이탈리아의 유서 깊은 식당 '해리스 바'의 주인이 흠모하던 화가 벨리니의 전시회 개최를 기념하여 고안했다고 한다. 원래의 레시피는 백도 복숭아를 그대로 사용.

전통 칵테일은 감각적인 대사와 함께

Champagne Cocktail
샴페인 칵테일

15도 | 미디엄 | 빌드
올데이 | 샴페인 글라스(소서형)

재료

재료	분량
■ 샴페인	1잔
■ 앙고스투라 비터스	1dash
■ 각설탕	1개

만드는 법 각설탕을 샴페인 글라스에 넣고, 앙고스투라 비터스를 떨어뜨려 스며들게 한다. 차가운 샴페인을 따른다.

영화 〈카사블랑카〉에 "그대 눈동자에 건배"라는 명대사와 함께 등장한 칵테일. 각설탕을 녹이면서 마시는데, 맛의 변화만이 아니라 녹아드는 각설탕의 로맨틱한 모습도 즐길 수 있다.

경쾌한 아페리티프

Spritzer
스프리처

5도 | 미디엄 | 빌드
식전 | 샴페인 글라스(플루트형)

재료

재료	분량
■ 화이트 와인	60㎖
■ 소다수	적당량

만드는 법 차가운 화이트 와인을 샴페인 글라스에 따른다. 소다수로 채우고 젓는다.

화이트 와인 속에서 솟아오르는 거품이 특징이다. 보는 눈도, 마시는 입도 상쾌하여 식욕을 조금 억제하고 싶을 때 식전주로 적격. 아주 차가운 상태로 마시면 더 좋다. 독일어로 '솟아오르다'는 뜻인 스프리첸(spritzen)이 어원.

3도	미디엄	빌드
올데이	콜린스 글라스	

선명하고 아름다운 두 개의 층을 이루는

American Lemonade
아메리칸 레모네이드

재료

■ 레드 와인	30㎖
■ 레몬 주스	40㎖
■ 설탕	3tsp.

만드는 법 레드 와인을 제외한 재료를 콜린스 글라스에 붓고 젓는다. 레드 와인을 따라 플로트 기법으로 띄운다.

레몬 주스와 레드 와인의 심플한 레시피. 투명감 있는 적과 백의 대조가 아름다워 인기가 높다. 스트로를 꽂아 아래에 있는 레몬 주스만 마실 때와, 잘 저어서 마실 때의 맛의 차이를 즐길 수도 있다.

15도	미디엄	빌드
올데이	와인 글라스	

카시스와 레드 와인이 빚어낸 진홍색 칵테일

Cardinal
카디날

재료

■ 레드 와인	120㎖
■ 카시스 리큐어	30㎖

만드는 법 차가운 레드 와인과 카시스 리큐어를 와인 글라스에 붓고 가볍게 젓는다.

레드 와인에 카시스 리큐어를 더해, 이름처럼 진홍색(cardinal)이 아름다운 칵테일. 키르(p.185)를 참조하여 만든 레시피로, 레드 와인과 리큐어의 비율을 4:1~5:1로 만드는 것이 일반적. 와인 속에서 카시스의 단맛이 신선하게 느껴진다.

카시스가 향을 발하는 프루티한 칵테일

Kir
키르

재료

■ 화이트 와인	4/5잔
■ 카시스 리큐어	1/5잔

만드는 법 차가운 화이트 와인과 카시스 리큐어를 샴페인 글라스에 붓고 가볍게 젓는다.

프랑스 부르고뉴 지방의 중심 도시인 디종의 펠릭스 키르 시장이, 부르고뉴 와인을 홍보하기 위해 고안한 칵테일이다. 부르고뉴 특산의 신맛이 있는 화이트 와인과 달콤한 카시스 리큐어가 잘 어울린다.

14도 | 미디엄 | 빌드
식전 | 샴페인 글라스(플루트형)

이름에 어울리는 우아함이 매력

Kir Royal
키르 로열

재료

■ 샴페인	4/5잔
■ 카시스 리큐어	1/5잔

만드는 법 차가운 샴페인과 카시스 리큐어를 샴페인 글라스에 따라 가볍게 젓는다.

키르의 레시피에서 화이트 와인을 샴페인으로 바꾸었다. 산뜻한 발포감과 우아한 분위기가 어우러진 한잔. 아페리티프(식전주)로 선정되는 경우가 많다. 옅은 분홍색 표면과 기포가 연출하는 고귀한 분위기는 '로열'이라는 이름에 잘 어울린다.

14도 | 미디엄 | 빌드
식전 | 샴페인 글라스(플루트형)

맥주 베이스

맥주는 크게 에일(상면 발효)과 라거(하면 발효)의 두 가지로 나뉩니다.
칵테일을 만들 때는 개성이 강한 에일보다는
다른 재료와 어울리기 쉽고, 세련된 상쾌한 맛을 내는
라거를 사용하는 것이 일반적입니다.

[차 례]

대표 숙취로 충혈된 눈을 닮은

Red Eye
레드 아이

재료

재료	양
맥주	1/2잔
토마토 주스	1/2잔

만드는 법 맥주를 텀블러에 따르고, 차가운 토마토 주스로 채운다. 가볍게 젓는다.

레드 아이는 붉은 눈이라는 뜻으로, 이름 그대로 숙취 때문에 충혈된 눈을 표현하고 있다. 몸에 좋은 토마토 주스로 만들어, 숙취 해소에 좋다고 한다. 약간 쓴맛을 내는 토마토 주스를 마시는 것과 비슷하다. 여기에 계란 노른자를 더해 '눈' 모양을 내기도 한다나.

3도 | 미디엄 | 빌드 | 올데이 | 텀블러

대표 맥주 칵테일의 대표 주자

Shandy Gaff
섄디 가프

재료

재료	양
맥주	1/2잔
진저에일	1/2잔

만드는 법 맥주를 맥주잔에 따르고, 진저에일로 채운다. 가볍게 젓는다.

본고장인 영국에서 사랑받는 맥주 칵테일. 진저에일의 강한 맛과 맥주의 쌉쌀하지만 세련된 상쾌한 맛이 어우러진다. 향이 풍부한 에일 맥주를 사용하는 것이 본고장 영국의 스타일. 스타우트와 같은 흑맥주를 사용하여 차이를 즐겨보는 것도 좋다.

3도 | 미디엄 | 빌드 | 올데이 | 맥주잔

10도 | 드라이 | 빌드
올데이 | 맥주잔

어른스러운 맛의 드라이한 맥주 칵테일

Dog's Nose
도그스 노즈

재료

■ 맥주	적당량
■ 드라이진	45㎖

만드는 법 드라이진을 맥주잔에 따른다. 맥주로 채워 가볍게 젓는다.

맥주가 지닌 쓴맛과 드라이진의 강한 맛과 산뜻한 향이 섞인 자극적인 칵테일. 성인 취향의 맛을 낸다. 스피릿을 사용하기 때문에 본래의 맥주보다 알코올 도수가 높으므로 지나치게 마시지 않도록 주의. 맥주만으로는 알코올이 부족하다고 느끼는 사람들에게 추천.

10도 | 미디엄 | 빌드
올데이 | 맥주잔

벨벳처럼 보드라운 거품이 있는

Black Velvet
블랙 벨벳

재료

■ 스타우트	1/2잔
■ 샴페인	1/2잔

만드는 법 스타우트와 샴페인을 동시에 맥주잔에 붓는다.

고급 직물인 벨벳 같은 보드라운 입맛과, 완성된 색의 조합으로부터 이름이 붙었다. 아일랜드산 맥주 스타우트는 짙은 색의 상면 발효 맥주. 보드라운 입맛과 풍부한 향을 즐기고 싶을 때 추천.

화이트 와인파도, 맥주파도 만족시키는

Beer Spritzer

비어 스프리처

재료

■ 맥주	1/2잔
■ 화이트 와인	1/2잔

만드는 법 화이트 와인을 맥주잔에 따르고, 맥주를 채운다. 가볍게 젓는다.

화이트 와인과 맥주의 심플한 조합. 쌉쌀한 맥주에 프루티한 산미를 지닌 화이트 와인을 더해 상쾌함을 맛볼 수 있다. 쓴맛이 다소 누그러지므로 맥주가 쓰게 느껴지는 이들도 즐길 수 있는 한잔. 와인파와 맥주파 모두의 지지를 받는다.

9도 | 미디엄 | 빌드
올데이 | 맥주잔

두 종류의 쌉쌀함이 절묘한 균형을 이루는

Campari Beer

캄파리 비어

재료

■ 맥주	적당량
■ 캄파리	30 ㎖

만드는 법 캄파리를 맥주잔에 따르고, 맥주로 채운다. 가볍게 젓는다.

캄파리는 비터 오렌지 껍질 등 30종이 넘는 허브를 사용해 쓴맛을 내는 이탈리아의 대표적 리큐어. 여기에 호프의 쌉쌀함이 느껴지는 맥주를 더했다. 두 종류의 쓴맛이 내는 하모니가 즐거운 어른스러운 맥주 칵테일. 캄파리의 붉은색에 물든 화려한 색채가 매력적.

8도 | 미디엄 | 빌드
올데이 | 맥주잔

Sake & Shochu Cocktail

일본주·소주 베이스

일본에서 만든 술을 사용한 신선한 칵테일입니다.
일본주 칵테일은 특유의 긴조향과 순한 풍미가 특색.
여러 가지 원료로 만드는 본격 소주 칵테일은
선택하는 종류에 따라 다양한 맛을 즐길 수 있습니다.

[차 례]

대표 '사케'로 만드는 일본산 마티니

Saketini

사케티니

재료

■ 일본주	20㎖
■ 진	60㎖

만드는 법 얼음을 넣은 믹싱 글라스에 모든 재료를 넣고 스터하여 칵테일 글라스에 따른다. 기호에 따라 칵테일 핀에 꽂은 올리브를 장식한다.

마티니(p.67)의 드라이 베르무트를 일본주로 바꾸어 일본산 마티니로 맛본다. 사용하는 술의 종류에 따라 맛이 달라진다. 자신의 입맛에 맞는 술을 찾아보거나 조합 방식을 생각해보거나 하면서 어른스럽게 즐긴다.

36도 | 드라이 | 스터 | 식전 | 칵테일 글라스

대표 늠름하게 서 있는 무사의 모습을 느낀다

Last Samurai

라스트 사무라이

재료

■ 쌀 소주	35㎖
■ 체리 브랜디	20㎖
■ 라임 주스	20㎖

만드는 법 셰이커에 모든 재료와 얼음을 넣고 셰이크하여 칵테일 글라스에 따른다. 기호에 따라 칵테일 핀에 꽂은 마라스키노 체리를 담그거나, 레몬 필을 짜 넣는다.

쌀 소주에 체리 브랜디의 향과 라임의 산미가 어우러져 깊은 맛을 내는 칵테일. 용감한 사무라이가 흘리는 피를 표현한 듯한 주홍색이 특징.

20도 | 미디엄 | 셰이크 | 올데이 | 칵테일 글라스

25도 | 미디엄 | 빌드
올데이 | 올드 패션드 글라스

개성이 녹아든 세련된 맛

Murasame
무라사메

재료

■ 보리 소주	45㎖
■ 드람비	10㎖
■ 레몬 주스	1tsp.

만드는 법 모든 재료를 올드 패션드 글라스에 따라 가볍게 젓는다.

'소나기'를 뜻하는 이름 그대로, 순식간에 멎는 비와 같이 세련된 감각의 맛이 즐거운 칵테일. 부드러운 입맛의 보리 소주와, 허브향 가득한 드람비가 조화를 이루어 절묘한 맛을 낸다. 고구마와 쌀, 메밀 등 다른 소주로 시도해보아도 좋다.

10도 | 미디엄 | 셰이크
올데이 | 칵테일 글라스

일본주와 과일이 만나 새로운 감각으로

Samurai
사무라이

재료

■ 일본주	60㎖
■ 라임 주스	20㎖
■ 레몬 주스	1tsp.

만드는 법 셰이커에 모든 재료와 얼음을 넣고 셰이크한다. 칵테일 글라스에 따른다.

일본주에 라임과 레몬의 과즙을 더해 산뜻한 풍미의 칵테일로. 일본주의 깊은 맛이 색다른 재미. 프루티한 맛과, 감귤류의 향과 신맛이 기분을 좋게 한다. 설탕이나 시럽을 첨가하면 단맛을 좋아하는 사람들도 즐길 수 있다.

아름다운 아가씨처럼 맵시 있는 맛

Satsuma Komachi

사쓰마 고마치

재료

■ 고구마 소주	40 ㎖
■ 오렌지 리큐어(화이트)	20 ㎖
■ 레몬 주스	20 ㎖
■ 소금	적당량

만드는 법 셰이커에 소금을 제외한 모든 재료와 얼음을 넣고 셰이크한다. 소금을 묻힌 스노 스타일의 칵테일 글라스에 따른다.

사쓰마는 가고시마의 옛 지명이고, 고구마 소주의 특산지. 고구마 소주의 강력함과, 오렌지 리큐어의 프루티한 향미가 만나 고마치('아름다운 처녀'라는 뜻)와 같은 맵시 있는 맛으로 탄생. 소금으로 악센트를 주어 세련된 연출을 할 수도.

22도 | 미디엄 | 셰이크 | 올데이 | 칵테일 글라스

풍미가 풍부한 소주판 마티니

Chutini

추티니

재료

■ 소주	60 ㎖
■ 드라이 베르무트	20 ㎖
■ 오렌지 비터스	1dash

만드는 법 얼음을 넣은 믹싱 글라스에 모든 재료를 붓고 스터하여 칵테일 글라스에 따른다. 기호에 따라 칵테일 핀에 꽂은 올리브로 장식한다.

사케티니(p.191)가 일본주라면, 추티니는 소주를 사용한다. 무색무취의 화이트 리커(소주)를 사용하여 베르무트의 풍미를 살리면 곧바로 멋지게 완성.

23도 | 드라이 | 스터 | 식전 | 칵테일 글라스

Non Alcohol Cocktail

논알코올

알코올을 사용하지 않기 때문에,
소프트 드링크로 마실 수 있습니다.
알코올에 약한 사람에게는 물론,
살짝 기분 전환이 필요할 때에도 추천해드립니다.

[차 례]

대표 레몬의 상쾌함으로
세계적인 사랑을

Lemonade
레모네이드

재료

재료	분량
레몬 주스	40 ㎖
설탕	3tp.
물	적당량

만드는 법 얼음을 채운 콜린스 글라스에 레몬 주스와 설탕을 넣는다. 물을 붓고 가볍게 젓는다. 기호에 따라 슬라이스 레몬을 장식한다.

논알코올 칵테일로 매우 친밀한 레모네이드는 산뜻한 레몬의 풍미를 맛볼 수 있다. 기호에 따라 설탕의 양을 줄이거나, 물을 소다수로 대체하여도 좋다. 레몬이나 체리를 장식하여 마무리하면 더욱 멋지다.

-	미디엄	빌드
올데이	콜린스 글라스	

대표 동화 속의
공주 같은 기분으로

Cinderella
신데렐라

재료

재료	분량
오렌지 주스	25 ㎖
레몬 주스	25 ㎖
파인애플 주스	25 ㎖

만드는 법 셰이커에 모든 재료와 얼음을 넣고 셰이크한다. 칵테일 글라스에 따른다.

세 종류의 과일 주스가 만들어내는 프루티한 새콤달콤함이 있고, 화려한 노란색에 눈이 즐거워지는 한잔. 멋진 칵테일 글라스에 따라 마시면 어릴 적 꿈꾸었던 공주의 기분을 낼 수 있다.

-	스위트	셰이크
올데이	칵테일 글라스	

견딜 수 없는 후련함

Saratoga Cooler

사라토가 쿨러

재료

■ 라임 주스	20 ㎖
■ 설탕 시럽	1tsp.
■ 진저에일	적당량

만드는 법 얼음을 채운 콜린스 글라스에 라임 주스와 설탕 시럽을 넣는다. 차가운 진저에일을 붓고 가볍게 젓는다.

진저에일과 라임 주스의 강력한 조합은 단맛이 진하지 않아 입가심이나 기분 전환이 필요할 때 추천. 드라이한 맛의 진저에일을 사용하면 더욱 상쾌하게 완성된다.

-	미디엄	빌드
올데이	콜린스 글라스	

석양을 닮은 아름다운 빛깔

Sunset Peach

선셋 피치

재료

■ 복숭아 넥타	45 ㎖
■ 우롱차	적당량
■ 그레나딘 시럽	1tsp.

만드는 법 얼음을 채운 콜린스 글라스에 복숭아 넥타를 넣는다. 차가운 우롱차를 붓고 가볍게 젓는다. 그레나딘 시럽을 가만히 가라앉힌다.

짙은 단맛이 특징인 복숭아 넥타와 우롱차의 조합은 의외의 만남. 석양과 같은 아름다운 빛깔을 바라보며 마시노라면 또 마시고 싶어진다. 이름이 비슷한 '선셋 비치'는 보드카 베이스의 칵테일.

-	스위트	빌드
올데이	콜린스 글라스	

-	스위트	셰이크
올데이	콜린스 글라스	

더운 여름을 시원하게 만들어주는

Summer Cooler 섬머 쿨러

재료

■ 카시스 시럽	20 ㎖
■ 오렌지 주스	200 ㎖

만드는 법 셰이커에 모든 재료와 얼음을 넣고 셰이크한다. 콜린스 글라스에 따른다.

더운 여름날 자신도 모르게 손이 가는 이름의 칵테일. 오렌지 주스와 카시스 시럽으로 만든, 말하자면 알코올을 뺀 '카시스 오렌지'이다. 알코올 느낌을 원한다면 비터스를 조금만 더해보아도 좋다.

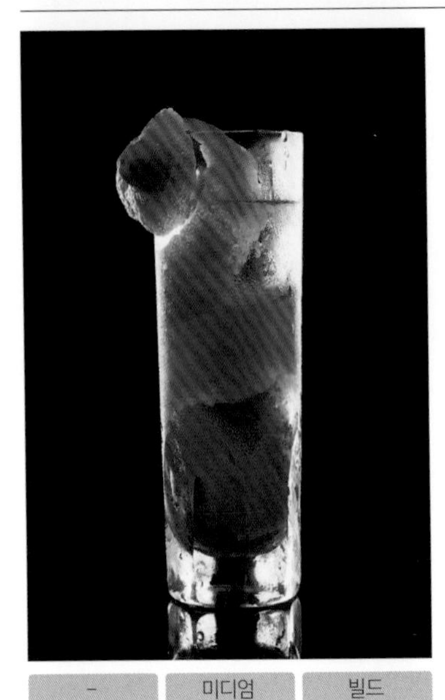

-	미디엄	빌드
올데이	콜린스 글라스	

그레나딘 시럽을 후련하게 즐긴다

Shirley Temple 셜리 템플

재료

■ 그레나딘 시럽	20 ㎖
■ 진저에일(또는 레모네이드)	적당량

만드는 법 얼음을 채운 콜린스 글라스에 그레나딘 시럽을 넣는다. 진저에일(또는 레모네이드)을 붓는다. 레몬 껍질을 돌려 깎아 장식하기도.

단맛의 그레나딘 시럽에 진저에일을 섞어 산뜻하게 즐기는 한잔. 1930년대에 활약한 할리우드 아역 배우의 이름에서 유래했다. 돌려 깎기를 한 레몬 껍질을 장식하여 여유를 드러내보여도 좋다.

봄맞이의 기쁨을 표현한

Spring Blossom
스프링 블로섬

재료

■ 푸른 사과 주스	30㎖
■ 라임 주스	15㎖
■ 멜론 시럽	1tsp.
■ 소다수	적당량

만드는 법 얼음을 채운 콜린스 글라스에 소다수를 제외한 재료를 넣는다. 소다수를 붓고 가볍게 젓는다.

연둣빛 새싹이 떠오르는, 봄맞이를 표현한 푸른 사과 주스의 칵테일. 멜론 시럽의 달콤함을 기분 좋은 신맛의 라임 주스가 다잡아준다. 소다수에서도 봄날의 들뜬 기분이 느껴진다.

-	스위트	빌드
올데이	콜린스 글라스	

새콤달콤함에 반하는

Florida
플로리다

재료

■ 오렌지 주스	55㎖
■ 레몬 주스	25㎖
■ 설탕	1tsp.
■ 앙고스투라 비터스	2dash

만드는 법 셰이커에 모든 재료와 얼음을 넣고 셰이크한다. 칵테일 글라스에 따른다.

화창한 플로리다의 오렌지가 떠오르는 선명한 색상과, 감귤류의 새콤달콤한 맛이 어우러진 한잔. 미국 금주법 시대에 탄생했다. 비터스를 넣었으므로 엄밀하게는 알코올 도수가 0은 아니다.

-	스위트	셰이크
올데이	칵테일 글라스	

칼럼

집에서 즐기는 칵테일 레시피

우선, 응용할 수 있는 베이스 2병과 리큐어 1병을 마련합니다.
이어서 약간의 부재료를 이용해 여러 가지 칵테일을 만들어봅니다.

→p.83

패턴2

베이스

드라이진 + 부재료

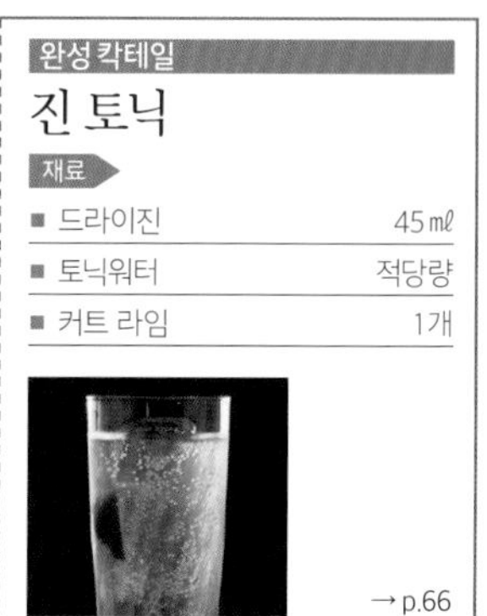

완성 칵테일

진 토닉

재료

재료	분량
드라이진	45㎖
토닉워터	적당량
커트 라임	1개

→ p.66

패턴3

베이스 · 리큐어

보드카 + 오렌지 리큐어 + 부재료

완성 칵테일

코즈모폴리턴

재료

재료	분량
보드카	35㎖
오렌지 리큐어(화이트)	15㎖
라임 주스	15㎖
크랜베리 주스	15㎖

→ p.101

패턴4

베이스

보드카 + 부재료

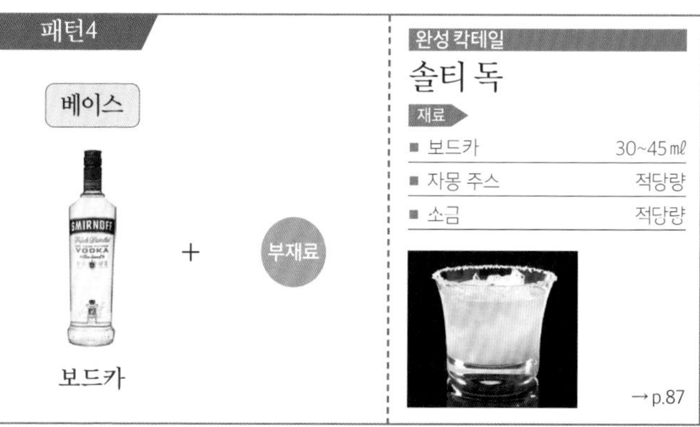

완성 칵테일

솔티 독

재료

재료	분량
보드카	30~45㎖
자몽 주스	적당량
소금	적당량

→ p.87

Cocktail INDEX

칵테일 찾아보기

협력업체
아사히맥주(주) | MHD 모에헤네시디아지오(주) | 기린맥주(주) | 삿포로맥주(주)
산토리 | 도버양주무역(주) | 페리노리카재팬 | 레미쿠앵트로재팬(주)

촬영 협조 아사히맥주(주)
스태프
사진 ピノグリ(橋口健志、関根 統)
일러스트 根岸美帆
디자인 大谷孝久(cavach)
집필 협력 入江弘子、加茂直美、富江弘幸、矢野竜広
교정 長谷川智子
편집·구성 株式会社スリーシーズン(大友美雪、川村真央)
기획·편집 山本雅之(株式会社マイナビ出版)、成田晴香(株式会社マイナビ出版:底本編集)

참고 도서
『いちばんおいしいカクテルの公式』渡邉一也(日本文芸社)
『新版 NBAオフィシャルカクテルブック』社団法人 日本バーテンダー協会(柴田書店)
『カクテル&スピリッツの教科書』橋口孝司(新星出版社)
『カクテル完全バイブル』渡邉一也(ナツメ社)
『カクテル こだわりの178種』稲保幸(新星出版社)
『カクテル事典315種』稲保幸(新星出版社)
『カクテル大事典800』(成美堂出版)
『カクテル手帳』上田和男(東京書籍)
『カクテル百科』山崎博正(成美堂出版)
『カクテル・ベストセレクション250』若松誠志(日本文芸社)
『カクテル400 スタンダードからオリジナルまで』中村健二(主婦の友社)
『スピリッツ銘酒事典』橋口孝司(新星出版社)
『ラルース酒事典』(柴田書店)
『リキュールブック』福西英三(柴田書店)

감수

칵테일 15번지

1989년 오픈한 도쿄 긴자의 바. 정통 바로서의 격조를 지키는 가운데 친밀감을 선사해 인기가 높다.
도쿄 주오구 긴자 8-5-15 스박스 빌딩 2층.

사이토 쓰토무(斎藤都斗武)

1961년 야마가타에서 태어났다. 칵테일 15번지의 오너 바텐더. 일본 바텐더스쿨을 졸업하고, 전설적인 바 '스미노프'에서 전 일본 바텐더협회장 이와세 쇼지에게 사사. 독립하여 칵테일 15번지를 오픈하였고, 현재 3개의 바를 운영하고 있다.

사토 준(佐藤淳)

1962년 야마가타에서 태어났다. 일본 바텐더스쿨을 졸업하고, 사이토 쓰토무에게 사사, 칵테일을 배웠다. 현재 칵테일 15번지의 점장 바텐더로 일하고 있다.

칵테일 도감 : 긴자 바에서 알려주는 레시피 228

초판 1쇄 발행 2018년 7월 10일
6쇄 발행 2023년 1월 10일

감수 칵테일15번지 사이토 쓰토무, 사토 준
옮긴이 신준수
펴낸이 이효진
디자인 윤현이
제작 스크린그래픽
펴낸곳 한뼘책방
등록 제25100-2016-000066호(2016년 8월 19일)
전화 02-6013-0525
팩스 0303-3445-0525
이메일 littlebkshop@gmail.com
인스타그램, 트위터, 페이스북 @littlebkshop

ISBN 979-11-962702-1-6 03590